JN097711

ソニー再生

平井一夫
ソニーグループ
シニアアドバイザー

変革を成し遂げた「異端のリーダーシップ」

日本経済新聞出版

はじめに

「どうやってソニーを復活させたんですか？」

経営トップを退いてから3年ほどが経ちましたが、いまでもこんな質問をよく受けます。

事業の「選択と集中」や商品戦略の見直し、あるいはコスト構造の改革……メディアでは様々な分析がなされています。

いずれも間違いではないのですが、核心はそこではないと私は考えています。

自信を喪失し、実力を発揮できなくなった社員たちの心の奥底に隠された「情熱のマグマ」を解き放ち、チームとしての力を最大限に引き出すこと。

ある意味、リーダーの基本ともいえるようなことを愚直にやり通してきたことが、組織の再生につながったと実感しています。本書を執筆したのは、ソニーの再生ストーリーを通じて、経営者のみならず、部下や後輩を抱えるすべての「リーダーたち」に、そのことをご理解いただきたかったからです。

ソニーの変革を含め、私はこれまで3度の事業再生に携わってきました。そのいずれにおいても、社員との信頼関係を築き、困難に立ち向かうためにはリーダーのEQ（心の知能指数）の高さが求められるということを痛感しました。戦術や戦略といった施策ももちろん重要ですが、それだけでは組織をよみがえらせることはできないのです。

私がこのような考え方に至ったのは、これまでの生い立ちや仕事人生と無関係ではありません。

少年時代、日本と海外で何度も転居し、常に「異邦人」として見られてきたこと。エレクトロニクスが主流という印象の強かったソニーにおいて、音楽やゲームの領域で出世競争とはあまりかかわりのないキャリアを歩んできたこと。

こうした、メインストリームから少しはずれた「異端」としての人生を送ってきたことが、私のリーダーとしての哲学のベースになっています。

ですから、本書でもいきなり経営のことについて語るのではなく、私のこれまでの人生を振り返り、紙上で再現しながら、どのようにしてそのような考えに至ったかを、なるべくリアルに、ドキュメンタリータッチでお伝えするようにしました。
本書が、いま元気を失っている多くの企業や組織が再び輝きを取り戻すきっかけになってくれれば、筆者としてこれ以上の喜びはありません。

２０２１年6月　平井一夫

ソニー再生　目次

第1章――異邦人

第2章――プレイステーションとの出会い

第3章――「ソニーを潰す気か！」

第4章——嵐の中で

第5章——痛みを伴う改革

第6章——新たな息吹

エピローグ──卒業

・「ソニー」および「SONY」、ならびに本書で使用される商品名、サービス名およびロゴマークは、ソニーグループ株式会社またはその関連会社の登録商標または商標です。その他の商品名、サービス名、会社名またはロゴマークは、各社の商標、登録商標もしくは称号です。
・“プレイステーション”、“プレイステーション ファミリーマーク”、“PlayStation”、“PS2”、“PS3”、“PS4”および“PS5”は、株式会社ソニー・インタラクティブエンタテインメントの登録商標または商標です。

プロローグ

約束

34年前の記憶

ふとした瞬間に、なぜか人生の一ページが頭の中にフラッシュバックする——。

そんな経験をお持ちの方は多いのではないだろうか。特に胸の中にしまい込んでおいた思い出というほどでもないはずなのに、なぜか昔に観た映画のワンシーンのように突然、こみ上げてくる。その時に見た景色や音が、ありありと頭の中で再現されるのだ。

あの時の私がまさにそうだった。

それは、２０１８年4月のある日のことだ。

その日は、財務部門の幹部陣によるミーティングが開かれていた。議題は終わったばかりの２０１７年度決算の報告だった。

私がソニーの社長という重責を担って6年。すっかり輝きを失ったかのように思えたソニーを率いた日々は、あっという間に過ぎ去っていた。この時点で、私は社長から退くことを決めていた。言ってみれば、社長として駆け抜けた激動の日々の、まさに総決算を突きつけられる瞬間だった。

財務を預かるＣＦＯ（最高財務責任者）の吉田憲一郎さんの顔が見える。私が三顧の礼でソニーに迎えた相棒だ。その吉田さんも私も絶対の信頼を置く、十時裕樹さんの姿もあった。

「最終的な数字はこうなりました」

スクリーンに映った資料には、連結営業利益の欄に「７３４８６０」とある。単位は百万円だから７３４８億円。それは１９９７年度以来、20年ぶりに最高益を更新したことを表していた。

「よくここまで来られたものだ……」

安堵とも達成感とも言えない、不思議な感情がこみ上げてきた。社長として、嵐の中からスタートを切った6年前が、昨日のことのようにも、ずいぶんと昔のようにも思えた。

私はなにも数字だけを追い求めてソニーという会社を経営してきたわけではない。ただ、印刷された資料の無機質な数字の列に目を落としていると、色々な記憶がよみがえってくるのだ。

「エレキが分からない平井に社長が務まるハズがない」

「ソニーがテレビをやめるか、平井が辞めるか。どちらが先になるか見ものだな」

「そろそろソニーはアップルに買収されるんじゃないの」

「リストラ続きの〝人切りソニー〟に未来なし」

２０１２年に社長に就任して以来、これでもかというほどのバッシングにさらされてきた。

まさに感無量である。

その時、なぜか34年前に市ケ谷の部屋から見えた景色が、頭に浮かんだ。

CBS・ソニー時代の筆者（1988年）

「いいか。キミたち新入社員の存在は会社にとっては赤字なんだ。給料分の仕事はできないからな。だから、早く会社に借金を返せるように、がんばりなさい」
そんなことを言っていたのは、ＣＢＳ・ソニー（現ソニー・ミュージックエンタテインメント）社長の松尾修吾さんだ。１９８４年4月のこと。
「はい、がんばります！」
新入社員の私は、ごく当たり前な返事をしたはずだ。隣では同期入社の女性社員が同じように頭を下げている。部署ごとに社長から入社にあたっての訓示を受けたのだが、「外国部」に配属されたのは、私とこの同期の二人だけだ。後の伴侶となる女性である。

社長直々の訓示とは言っても、当時の私はまだ大学を出たばかりの23歳。「偉い人のありがたいお言葉」が響くわけもなく、頭の中を素通りしていく。椅子に座る松尾さんの席の横の窓ガラスから見えた線路沿いの釣り堀を、ぼうっと眺めていた。まだ少し肌寒い陽気の中、釣り糸を垂らす人々。蕾をつけた桜の枝が、風に揺れていた。

それから34年——。

最後の決算報告の場で思い出すのが、なぜあのシーンなのだろう。ただ、報告を聞きながら、心の中でつぶやいた。

「松尾さん、やっと恩返しができたみたいです」

3度の経営再建

振り返れば数奇な運命をたどった会社員人生である。学生時代に好きな音楽を仕事にしたいと門をたたいたのが、CBS・ソニーだった。

海外からやって来るアーティストの売り込みに奔走したり、通訳にかり出されたり。その頃、親会社にあたるソニーは世界的なエレクトロニクス・ブランドへと駆け上がっていたが、そんなことはどこか他人事だった。

そもそもソニーが親会社だという意識さえない。CBS・ソニーのオフィスがあった市ケ谷からソニーが本社を構えていた五反田まで、距離にすると10キロほどだろうか。当時の私にとっては、たった10キロ先にある「親会社の本社」がまったくの別世界に思えた。自分が働く会社に、たまたま「ソニー」の名前も入っているという程度の認識だった。

音楽業界の仕事は面白かった。ただ、当時から私は仕事とプライベートをはっきりと分ける主義だった。結婚してからは会社から遠く離れた宇都宮の郊外に家を買って新幹線で通勤した。休日になれば大好きなクルマでドライブに出かけたり、自分で組み立てたラジコンを近所の公園で走らせて遊んだり。出世競争なんてまったく興味がなかった。会社への貢献は、肩書でするものでもないとも思っていた。

それが人との巡り合わせを重ねるうちに、気づけばソニーの社長になってしまっていた。

まさに人生の不思議である。

アメリカのプレイステーション事業のお手伝いにかり出されたのが、30代半ばのことだった。その年のクリスマス商戦が終わればまたミュージックの仕事に戻るはずが、そうも言っていられなくなり、サンフランシスコ郊外のソニー・コンピュータエンタテインメント・アメリカ（SCEA）に出向することになった。

そこで見たのは、組織の体をなさない、人間関係が崩壊してしまった職場だった。社員たちの悩みを聞く毎日に、「俺はセラピストか」と自問したほどだ。

今思えば、ソニーグループ全体から見れば取るに足らない小さなオフィスのリーダーを任されたことが、経営者としての私の原点だった。実際、ここで学んだことが私なりの経営術の多くを形成している。そのことは後の章で詳しく述べたい。

SCEAで「プレイステーションの父」と呼ばれる鬼才・久夛良木健（くたらぎけん）さんと出会い、ソニー・コンピュータエンタテインメント（SCE、現ソニー・インタラクティブエンタテインメント）本社の社長として東京に戻ることになったのが46歳になる直前の2006年12月のこと。

私の人生はアメリカと日本を行ったり来たりだ。

この頃にはサンフランシスコ湾沿いにあるフォスターシティという街にすっかり根を

下ろしていたので、まったく想定していなかった帰国だった。家族会議を開くと、ちょうど思春期だった娘が「What's your point? それがどうしたの?」と一言。それで私は家族をアメリカに置いて東京に戻ることになってしまった。

東京で待っていたのは、そんな悠長なことを言っていられない危機的な状況だった。久夛良木さんの後を継ぐと、直面したのが発売したばかりの「プレイステーション3」の立て直しだった。SCE社長としていきなり2300億円の大赤字を背負うことになった私は、社内外から猛烈な批判にさらされることになった。

ソニー本社の偉い人から電話がかかってきて「おまえたちはソニーを潰す気か!」と怒鳴られたこともあった。

言うまでもなく、ソニーは家電で世界に名を馳せてきた会社である。ウォークマンやトリニトロンカラーテレビの大成功は「エレクトロニクスこそがソニーの主流」という意識を、社員に植え付けた。実際、私も入社する以前からソニー製品の大ファンだったし、私の出身母体である音楽事業も、もとはと言えばオーディオ製品を強化していくために始まった。

そんな会社全体から見ればずっと「辺境」を歩んできた私が、ソニーの社長に指名されたのが2012年初めのことだ。

その頃には品川に移転していたソニー本社にも出入りすることが多くなっていたが、改めて感じたのが「ダメになったソニー」だった。主流であるはずのエレクトロニクスの元気のなさはもう、誰の目にも隠せなくなっていた。

前任の社長であるハワード・ストリンガーさんは「ソニー・ユナイテッド」という言葉を繰り返していたが、社員に響いているようには見えなかった。エレクトロニクスだけではない。映画や音楽、金融といったエレクトロニクスに次ぐ主力部門が、それぞれてんで別々の方向を向いている。自戒の念を込めて言えば「本社が何するものぞ」という気概が満ちていたプレイステーションのSCEも、ソニー・ユナイテッドの一員になれてはいなかった。

そして、長くソニーの象徴だったエレクトロニクス部門は赤字に苦しみ続け、「ダメなソニー」の象徴に成り下がってしまっていた。

当時で16万人もの社員を抱える巨大組織が、バラバラになりつつある――。それが、社長となった私の目に映る現状であり、偽らざる本音といったところだ。こうして私はSCEA、SCEに次いで3度目の経営再建という仕事に取りかかることになった。我ながら、つくづく平時ではなく有事に出番が回ってくる会社員人生だなと思う。

「このままじゃ、潰れる」

当時のことで、やけに印象に残っているシーンがある。

その日はある社員が幹部陣に向けて、テレビの新商品のプレゼンに臨んでいた。私は説明を聞く側の席に座っていた。

エレクトロニクスの中でも、テレビは大黒柱と言える商品だ。ただ、プレゼンが始まってもどうも覇気がない。言葉を換えれば、どこか気持ちが入っていないのだ。

「商品として弱いのは最初から分かっているけど、仕事だから一応、作ってみました」、というようにさえ見える。ベゼル（画面の縁）は太く野暮ったく、「それでサムスンと戦えるのか」と聞いても明確な答えは返ってこない。

「それじゃ、お客さんには刺さらないよね」

誰かが冷たく指摘した。取り繕うような説明が続く……。

念のために言っておくが、今でもこの社員が悪いわけではないと思う。当時のソニーは会社全体が自信を失ってしまっており、こういうことが日常の光景だったのだと思う。

井深大（いぶかまさる）さんと盛田昭夫（もりたあきお）さんという偉大な二人の創業者。そして二人の夢に共感した社員たちが築き上げてきたソニー。その歩みは、戦後の焼け野原から奇跡の復興を遂げた日本経済の象徴のような存在として、これまでに何度も語られてきた。

敗戦から5カ月後、井深さんと盛田さんが、東京通信工業（ソニーの前身）の設立趣意書に書き残した「自由豁達（かったつ）ニシテ愉快ナル理想工場ノ建設」という夢は、どこで道を踏み外してしまったのだろうか――。

東京通信工業株式会社設立趣意書（1946年）

ソニーを世界的な企業に育ててきた先輩方には怒られるかもしれないが、この時、私は大真面目にそんなことを考えた。新型テレビのプレゼンで言葉を詰まらせる社員の姿を見て、「このままじゃ、ソニーは潰れる」とさえ思えたのだ。

ここからソニー再建という、私の壮大な冒険が始まった。今になって振り返れば、在任期間の6年間で、

［図表1］　ソニー業績推移（億円）

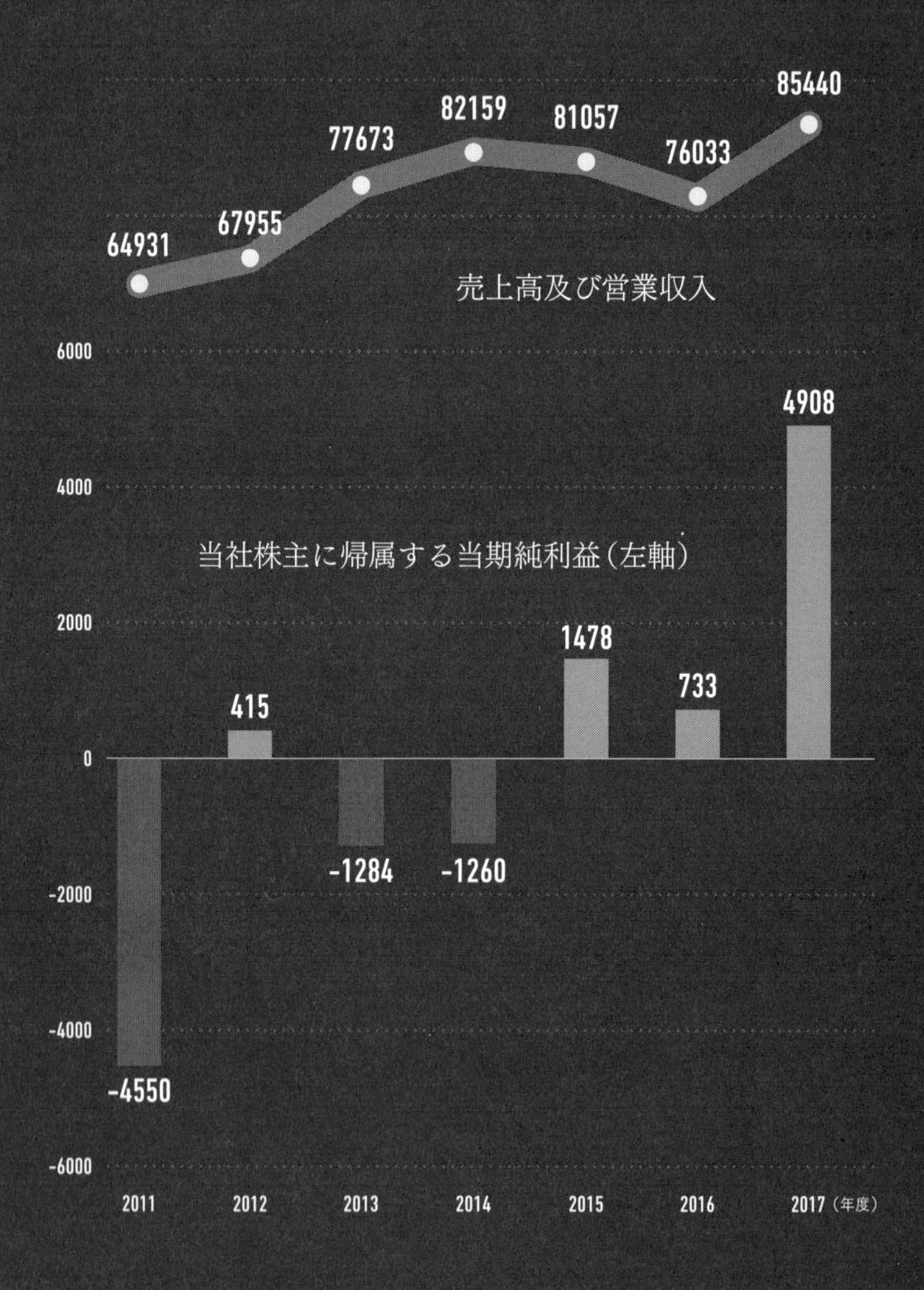

ソニーは再び前を向いて進む会社に生まれ変わることができた。本書では、その物語を再現したい。

ただ、先に言っておけば、私がやってきたことは奇策でもなんでもない。当たり前のことを当たり前に実行してきたまでだ。

数々の情熱と才能を備えた社員たちの秘めたるパワーを表に引き出し、最大化するための演出とも言えるかもしれない。それは、私がソニーの「辺境」からやって来たことと無縁ではない。

言うまでもなく、私は井深さんや盛田さんのようなカリスマ経営者ではない。それどころか、社長になりたての頃には創業期を知るOBの皆さんから面と向かって「社長失格」の烙印まで押されたものだ。

そもそも、ソニーの「辺境」にいながら、出世競争には目もくれずに会社員人生を過ごしてきた身である。

そんな私がなぜ、今に至るソニー復活の大仕事に曲がりなりにも貢献できたのか――。

出発点は、幼くして飛び込むことになったニューヨークのアパートだ。

第1章

異邦人

一家でニューヨークに

「お父さん、今度ニューヨークに転勤することになったから」

　銀行で働く父からこう告げられたのが、小学1年生になったばかりのことだった。ニューヨークと言われても、なんのことやら。父によるとアメリカという大きな国の大きな街なのだとか。ただ、そもそも「転勤」の意味が分からない。

「アメリカ？　ニューヨーク？　転勤？」

　初めて耳にする言葉を三つも並べられては、もはや理解不能である。父が世界地図を広げて教えてくれた。

「いいか、一夫。アメリカがこれ。このでっかい国の東の端にあるのがニューヨークだ」

　確かに、地図に載っている日本のサイズと比べると、巨大な国のようだ。

（へぇ、みんなでここに行くの？）

　まったく現実味がない。かくして我が家は東京都杉並区の下井草からニューヨークに引っ越すこととなった。１９６７年のことだ。

我が家が引っ越したのは、ニューヨークのクイーンズ地区。今も移民が多く暮らす街で、人種のるつぼと言われる米国の中でもとりわけ、ありとあらゆる人種が住人となっている。もちろん、日本人はマイノリティーだ。

今では治安も改善されたようだが、当時は凶悪犯罪も多かった。少し古いが、「星の王子ニューヨークへ行く」という映画の中で、エディ・マーフィが演じる王子様が花嫁を探して移り住んだのが、この辺り。道ばたがゴミであふれ、殺伐とした雰囲気が描かれているが、私が移住したのはこの映画で描かれた世界から、さらに20年前のことだ。

そんな街にある高速道路沿いの茶色い巨大な団地群に、我が家はやって来た。リフラックシティという団地で、今も存在している。典型的なアメリカで言うミドルクラス（中流階級）向けの集合住宅だった。

地元の小学校に初めて登校した日のことは、今でもよく覚えている。当然、英語はまったく理解できない。異世界と言っていい学校に向かう息子のために、母親が一計を講じた。私に手渡した三つのカードに、英語で何かが書かれていた。

「トイレに行きたい」、「気持ちが悪い」、「親に連絡してほしい」

そういう意味だと教えられた。

「いい、一夫。トイレに行きたい時はこのカードを先生に見せるのよ。気持ちが悪い時

［図表2］ ニューヨーク・リフラックシティの地図

はこれ……」
そう言って3枚のカードを首からぶら下げるという奇妙ないでたちで、私は初めてアメリカの学校に登校した。なるほど、よく考えたものだ。実際、トイレに行きたいのに先生に言い出せず、お漏らししてしまってクラスの笑いものになり、学校に行きにくくなってしまう子もいると聞いたこともある。

ただ、実際にこのカードを先生に見せても、何もしてもらえなかった記憶がある。母のグッド・アイデアも効果のほどはイマイチだった。

授業が始まって何日たっても、周りの子たちが何をしゃべっているのか分からない。先生が話す言葉も当然ながら謎でしかない。逃げ場がない。クラスに、まったくなじめない。子供の頃に海外の現地校に通ったことがある帰国子女の方なら、誰もが経験したことだと思うが、ひと言で言えば猛烈な孤独感と無力感にさらされるのだ。

私のクラスには一人だけ私と同じような顔をした男の子がいた。ただ、その子は流暢（りゅうちょう）な英語をしゃべり、日本人なのか現地の日系人なのかも分からない。時々は助けてくれたけど、そこはまだ小学1年生。自分も遊びたいに決まっている。つきっきりでサポートしてもらえるわけではなく、基本的には何もかもを自分でなんとかするしかない。

駐在員の親はよく、こんな環境の子供を見て「最初は大変そうだけど、やっぱり子供は言葉を覚えるのが早い」と話すようだが、子供の身としては何もできないこの時間が永遠に続くような気がしてならない。私もそうだった。言いたいことが言えない苦しみを、まだ6歳の身でいやというほど味わうのだ。

これは大変なところに来てしまった……。子供心に痛感した。

帰国子女の存在が普通になった今では「帰国子女あるある」とでも言えるのだろうが、海外駐在員など周囲にはほとんどいなかった1960年代の当時、親も気がかりで仕方がなかったようだ。

「異」なるもの

そんな私に転機がやってきた。

団地のベランダに出ると隣の部屋に住む男の子が、仕切り板の向こうにいた。どちらが話しかけたのだろうか。なんとなくコミュニケーションが成り立ってしまった。

これが私にとって初めての異文化コミュニケーションだった。何を話したのかは、まったく覚えていない。いや、そもそもまだまともに英語が話せないのだから、何かを

幼いころの筆者（左）と弟

立ったようだ。

「話した」わけではない。ともかく、どんな形であれコミュニケーションが成り立ったようだ。

思えば、この時から40年以上も後にソニーのかじ取りを託されるまで、私は「異」なる場所を転々と動き続けてきた。常に「異なるもの」の見方や考え方に触れ、それを経営に取り入れようとしてきた。それを私は「異見」と呼んだ。

異見をどう発見するか、どうやって経営戦略に昇華させて実行させるかは、私の経営哲学の根幹をなす思考法の一つだ。

重要なのは、異見というものは、こちらが待っていれば勝手に舞い込んでくるものではないということだ。リーダーの立場にいる者が能動的に動いて発見しなければならない。よく経営者はコミュニケーション能力が高くなければならないと言われる。それだけではなく、私は知能指数を示す「IQ」ではなく「EQ」、すなわち心の知能指数が高くなければならないと考えている。「この人なら考え方が違っても自分の意見を聞いてくれるはずだ」と思ってもらえなければ、本心からの「異見」を得ることはできないからだ。

特に社長のような肩書を持ってしまうと、なかなか異見を言ってもらえなくなるものだ。そんな信念があったから「EQが高い人間であれ」と自らに言い聞かせてきた。

話を戻すと、この時のベランダでの様子を母親が見ていた。母は隣のお宅が母子家庭だと知っていたようだ。息子が初めて英語で会話らしいやりとりをしているのを目の当たりにして「ここだ！」と思ったのかもしれない。隣の子を自宅に招いて、私と一緒に遊ばせるようになった。

隣人の母親にとっても、息子が隣の部屋で遊んでいる分には安心するだろう。私の母は、クイーンズの日本食材店で手に入れたサッポロ一番のインスタントラーメンをおやつに出していた記憶がある。サッポロ一番はこの前年の発売だというから、母は日本の最新の食で、やっと息子にできた友達をもてなしたのだろう。この気遣いには今も感謝している。

それからというもの、しょっちゅう遊ぶ仲になり、私の英語もメキメキと上達した。カタコトのように話せるようになると加速度的に上達したようで、10月末のハロウィンの季節には、子供ながらに会話が成り立つようになっていたそうだ。まさに私の人生の中で「異なる世界」を見つけ、取り込む第一歩だったのだと思う。

ここから先は、英語に関しては苦労したという記憶はない。最初はまったくの異世界に思えたクイーンズの街並みも徐々に「自分の世界」になってしまっていた。

10セントのハンバーガー

余談になるが、クイーンズに引っ越して1年か2年ほどがたってから、同じ団地の同じ棟に日本人の家族が引っ越してきた。両親とも日本航空（ＪＡＬ）の方だったが、そのご家庭に私より1歳年下のたぁちゃんという男の子がいた。たぁちゃんとはすぐに意気投合して毎日のように遊ぶ仲になった。

雪が降ると一緒にソリを持って駆け出し、日が暮れるまで坂を滑ったものだ。近所にはホワイト・キャッスルというハンバーガーショップがあり、そこのバーガーはなんと、たったの10セント。1ドルが360円の時代で今とは日本も米国も物価が違うが、子供でもお小遣いで買うことができる。よくたぁちゃんと食べたそのバーガーの味は、今でも忘れられない。

お互いに突然、見ず知らずの国にやってきた「異邦人」である。親には言えない嫌な思いも、どれほどあっただろうか。英語が話せるようになり、現地で友達もできたが、それでも圧倒的なマイノリティーであることには違いない。あからさまに「ジャップ」と呼ばれたり、まだ小学校低学年なのにパールハーバーはスニーク・アタック（だまし討ち）だったと一方的にさげすまれたり……。そんな悔しい経験をどれほど共有してきただろうか。

1960年代末の当時。アフリカ系米国人による公民権運動の余韻がまだまだ残る時期だった。伝説的な「I have a dream（私には夢がある）」の演説で知られるキング牧師が暗殺されたのが、私がクイーンズに来た翌年のことだった。

米国にはいまだ人種差別の暗い影がはびこっているが、今から50年以上も前のあの頃は、今よりもっと露骨な差別感情をぶつけられたものだ。子供心ながらに、そんな理不尽さと向き合わなければならなかったのが、当時のニューヨーク・クイーンズの現実だった。

　このクイーンズでのマイノリティーとしての原体験が、後に経営者になった際に大きな影響を与えることになるのだが、この時はそんなことは想像すらしない。

　楽しいことも多かったが、日本では味わうことがないようなほろ苦い経験も分かち合った幼馴染みが、このたぁちゃんだった。

　それから40年ほどが過ぎた、ある日のこと。私はソニーの社長となっていた。海外出張のためのフライトを待つ空港のラウンジ。ソファーに座る私に、スタッフの方が声をかけてきた。

「失礼ですが、平井様でいらっしゃいますか？」

「はい。そうですが」

　すると、「弊社の西尾はご存じでしょうか」と聞かれた。「西尾さん？」……。そういえば、このラウンジはＪＡＬだ。そしてたぁちゃんの姓は西尾だった。たぁちゃんのご両親はＪＡＬの方だったっけ……。

「個人的なことをお聞きして申し訳ありませんが平井様、子供の頃にニューヨークにいらっしゃらなかったでしょうか」

　スタッフの方が丁寧な口調で聞いてくる。

「はい。確かに子供の頃、ニューヨークにいましたが」

「実は弊社の西尾から手紙を預かっています」

あっ、もしかして――。

的中だった。なんとあの時のたぁちゃん、西尾忠男君は日本航空の役員となっていた。すぐに手紙を読むと、少し前にＮＨＫでソニー再建の特集を見たのだと書かれていた。

「あのカズオちゃんか」と思い、手紙を書いたという。

その瞬間、あのリフラックシティでの記憶が堰を切ったように、どっと頭の中に押し寄せてきた。たぁちゃんと一緒に遊んだ団地の遊具、雪の日の寒さをものともせずにソリを担いだ坂の景色、そしてあの10セントのハンバーガーの味……。

私は空港のラウンジで手紙を握りしめたまま、40年前にタイムスリップしたような気がした。

たぁちゃん、いや、西尾君には海外出張から帰るとすぐに連絡した。食事して城崎温泉にも一緒に行ったのだが、話題は尽きない。お互い年齢を重ねてすっかり髪も白くなった。それぞれの会社で重責を担うことになっていたが、異国での少年時代の話になると、とめどなく思い出があふれてくる。

日本の学校への疑問

私の異邦人としての体験はニューヨークにとどまらなかった。小学4年生になり米国での生活にもすっかりなじんでいた頃、父親の駐在期間が終わり、日本に帰国することになった。今思えば、ニューヨークに来た時よりこの時の方が、カルチャーショックは大きかった。なにせ日本の学校独特のしきたりを一切知らないのだ。

ある日、1週間分の宿題をまとめて提出すると、なぜか先生から怒られた。先生がなぜ怒っているのか、理解に苦しんだ。なぜダメなのか。先生に理由を聞くと「ここは日本だ。日本のやり方がある。ここはアメリカじゃないんだ」と、意味不明な説明が返ってきた。

米国の学校は公立校でも清掃員の方がいたのだが、「なんで僕たちが掃除をしないといけないの」と先生に聞いた時には、それはもう、こっぴどく叱られた。理由を説明してくれれば理解もできるというものだが、一方的にルールを押しつけられることの憤りを、子供ながらに強く感じたものだ。それも頭ごなしに怒鳴ることもあるまい……。今も理不尽に思う。

この頃にはすでに体も大きかったし、実は学期の違いのためだとかで日本では1学年下のクラスに入れられてしまった（それこそ理不尽だ！）ので、同級生からいじめられることはなかったが釈然としないことの連続である。まさか自分が生まれた国で再び異邦人の扱いを受けることになろうとは、思いもしなかったことだ。

今では日本にも海外から来た外国籍の方々が多く暮らしている。「異邦人」という言葉の使い方に違和感を持たれる読者もいらっしゃるかもしれない。異なる場所に移ることは、いつでも発見に満ちてエキサイティングなことだし、人生を豊かにしてくれる体験の連続でもある。それはこの後に、私自身が何度も体験したことだ。

ただ、まだ幼かったこの当時の私にとっては、そこまでの心の余裕を持てと言われても、なかなか難しいことだったというのが正直なところだ。幼くして親の仕事でニューヨークに移住し、現地で英語も身に付けたなんて、恵まれた環境じゃないかと言われるかもしれない。確かにそういう面はあるが、当時の私にとっては場所が変わるたびに次々と理不尽な扱いを受けるように感じていたこともまた、ご理解をいただきたい。

そして地元の中学に進学する直前に、今度は父がカナダのトロントに転勤することになったと聞かされた。言葉は英語なので大丈夫だろと言われたが、ようやく日本にもなじめた頃だったので、「またか」というのが本音だった。ただ、どうすることもできずに再び一家で海を越えてトロントへ。当時のトロントに日本人は少なく、またまた異邦人に。

それから2年半がたち、カナダでの生活にもなじんでくるとまた帰国が決まった。

逃げ道

そこで考えた。

また日本の公立中学校で異邦人のやり直しはまっぴらだ。そもそもなぜみんな同じ制服を着て髪形まで学校に決められないといけないのか。いったい、誰がどんな理由で決めたのだろうか。日本の先生が言う「中学生らしく」なんて、とてもついていけそうにない。もちろん日本の学校にも良い部分はたくさんあるのだろうが、少なくとも当時の私の目には、日本の学校というものがとても息苦しい場所に映ってしまっていた。

どこかに逃げ道はないものか——。

思いついたのが、米国にもカナダにもある日本人向けの補習校の存在だった。普段は現地校に通う子供が帰国後に日本の教育に順応できるように日本式の教育を受けるため、休日に通う学校である。米国やカナダに日本人向けの補習校があるということは、日本にも米国人の赴任者の子供が通う学校があるはずだ。そう考えて調べると、日本にもアメリカンスクールという学校があることが分かった。

これしかないと思ったが、びっくりするくらい学費が高い。でも、日本の学校は嫌だ……。私はそんな思いを両親に率直にぶつけた。両親は、ありがたいことに息子の願いをかなえてくれた。

念願かなって中学3年でカナダから帰国する時に進んだのが、東京都調布市にあるアメリカンスクール・イン・ジャパン（ＡＳＩＪ）だった。西武線の多磨駅から歩いて少しの場所にあるのだが、学校の中に入れば、そこはアメリカ。無理して入学させてもらってよかった。小中学生のほとんどを米国とカナダで過ごした私にとってはなじみやすく、最高の環境に思えた。

ところが、である。ようやく居場所を見つけたような気がしたのもつかの間。今度は父親がサンフランシスコに転勤するという。３度目の北米移住である。「またか」と思

ASIJの卒業アルバム

いながらも、ようやく見つけた居場所を失いたくない。高校もＡＳＩＪに通いたかった。

そこでまた両親に交渉を持ちかけた。高1の夏休みまでは親戚宅に居候させてもらい、1年間だけサンフランシスコの高校に通う。だが、高3の夏には単身で日本に戻ってＡＳＩＪに通うということで納得してもらった。

両親は1年もサンフランシスコで暮らせば向こうに居着くのではないかと思ったようだが、この頃には日本で日本人として暮らしたいという思いが強くなっていた。ただ、日本の高校は嫌だったし、なんといってもＡＳＩＪは最高の環境に思えた。

こうして私は高3の時に再び日本に戻っ

てきた。太平洋の東西を行ったり来たりの生活だったが、その中で「自分は日本人である」という自我が強烈に芽生えていたのだ。ならば日本に腰を落ち着けて生きていこうと思うようになっていた。大学も当然のように日本で見つけようと考えた。

というより、すでに意中の大学があった。ＡＳＩＪの校舎の隣に野川公園という大きな公園がある。そこを歩いて抜けた先にあったのが国際基督教大学（ＩＣＵ）だった。たまに歩いてふらっと遊びに行っていたのだが、当時から留学生や帰国子女も多く、すぐに「行くならここだ」と決めていた。

日本で生きる

こうして進学したＩＣＵもまた、私にとって最高の居場所だった。日本人だけでも、私のように日本のアメリカンスクールから来た人もいれば海外の高校から来た帰国子女もいる。もちろん日本の学校を出た人も。そこに各国からの留学生が交ざっている。まさにカルチャーミックス。それまでに暮らしてきたアメリカやカナダと比べても、最も多様化が進んでいたのがＩＣＵのキャンパスだった。

RX-7と筆者（ICUのロータリーにて）

彼らの実体験に基づく話は、やはり本で読んだり授業で聞いたりするのとはまったくリアリティーが違う。

ＩＣＵでの最大の発見は「自分は何も分かっていないんだ」ということになるのだが、「自分は知っているつもりになってはいまいか」とことあるごとに考えさせられたことが、後に経営者になってから「知らないことは知らないと言え」と自らに言い聞かせる習慣の原点にもなった。

ただ、普段の学生生活はというと、勉強以外にもやりたいことがたくさんあった。いや、そっちの方が主だった気がする。私は子供の頃から機械好きだったが、中でも大好きなのがクルマ。ちなみに今でも大好きだ。アルバイトでお金を貯めて最初に買ったクルマは、忘れられない。マッハグリーンメタリックのマツダ「RX—7」。ロータリーエンジンを搭載した名車で、しかも走り屋の間で人気が高かったSA型だ。中古車だが88万円。燃費は悪かったけど、これがもう最高にカッコ良くて、授業をさぼってよくドライブに行ったものだ。

遊びたいさかりだったので、友達と一緒に六本木のクラブにもよく繰り出した。当時はディスコと呼んでいたけど。この時の遊び仲間のひとりが、ASIJでもICUでも2学年上で、後に就職先のCBS・ソニーでも先輩になるジョン・カビラさん。カビラさんとはICUの学園祭でも一緒にディスコを開いたりした。

ちなみにクルマ代や遊びの費用を捻出できたのは、英会話スクールの講師をしていたからだ。母校のASIJで放課後に開かれるレッスンだったのだが、これには思わぬ副産物があった。授業は子供向けだが、月に1度、親御さんによる授業参観がある。この時だけは、「どうすれば親御さんを納得させられるか。いかに楽しんでもらえるか」と考えて授業をする。

後年になって「平井さんはプレゼンが上手ですね」と言ってもらえることが多いが、実は私は人前で話すのは好きではない。仕事だからやっているだけだ。ただ、この英会話スクールで「誰に向けて、何を伝えるのか」というプレゼンの基本中の基本を学んだことが後々、仕事に大いに役立つことになった。もちろん当時は、貴重な遊び代の収入源を失いたくない一心だったのだが。

学校に行くといつも足が向かうのが通称、D館だ。正しくはディッフェンドルファー記念館というそうだが、この建物の1階が売店とラウンジで、私たちのたまり場だった。2階より上には演劇部などの部室があり、上の階から発声練習の声が聞こえてくる。イスに座って気の合う仲間と他愛もない話で盛り上がる。まあ、日本全国のどこの大学にもいるような学生だったと言える。

何度も国境を越える少年時代を過ごし、ようやく見つけた居場所。そこでの学生生活を満喫していた私だったが、将来の生き方についてはひとつだけ決めていたことがある。

日本人として日本で生きる、ということだ。

海外で育った時間が長いとはいえ、私は日本人なのだから当たり前だろうと言われそうだが、当時の私なりに真剣に考えていたことだ。ずっと海外にいたのではなく、日本と海外を行き来するような生い立ちで、どこの土地に行っても常に異邦人だった。

どこに行ってもマイノリティー。しかも場所ごとに私の置かれる位置づけが微妙に違ってくる。小学1年でニューヨークのクイーンズに行った時は「ジャップ」と言われ、小4で帰国すると頭ごなしに「ここはアメリカじゃない」と怒られる。それからカナダと日本、サンフランシスコからまた日本。居心地のよかったICUでは、海外を知らず日本で育った人を「純ジャパ」と呼ぶ人がいたが、私はどちらでもない「変ジャパ」に分類されるそうだ。いずれにせよ、どこかで「主流」の人たちを斜めから見ているような感覚が、常に自分の中にあった。

前述のように日本の教育システムや慣習に対してどうしようもない息苦しさや、時には嫌悪感を覚えたことも事実だ。ただ、やはり日本で生きていくのが自然なのだろうなと思えた。もう海外生活は十分だとも思うようになっていた。

父の助言

そんな私にも就職活動の時期がやって来た。色々な会社を検討したが、内定を得た中で最終的に2つの選択肢が残った。日産自動車かCBS・ソニーか。

前述の通り、私は根っからのクルマ好きだ。仕事を趣味で選ぶなら間違いなく日産だろう。ただ、音楽も好きだった。ＣＢＳ・ソニーは現在のソニー・ミュージックエンタテインメントで、その名の通り米ＣＢＳとソニーが折半出資で作った会社だった。

さて、どちらに就職したらいいだろうか。そろそろ決めないといけないという時、たまたま下井草の実家に戻ると父がいた。父にも就職先で迷っていることを少し話すと、突然、机の方に呼ばれ「そこに座れ」と言われた。グラスにビールがつがれる。よく映画やドラマで見る「父と息子の会話」のような状態だ。

なぜ悩んでいるのかを打ち明けると、父は明確に「それはＣＢＳ・ソニーしかないだろう」とズバリと言ってきた。その時に父が口にした理由を、今も明確に覚えている。

「いいか。自動車メーカーに行ったらおまえが課長くらいになるころにはもう、アフリカでジープを売るしかなくなっているぞ」

自動車産業で働く方々には大変失礼な話だが、父と息子の間だけの話ということでご容赦いただきたい。父が言いたかったのは「クルマは一人で何十台も持たない。それならいずれ市場は飽和する」という趣旨のことだった。実際は現在も世界中に便利なクルマを求める消費者は存在し、市場は広がっている。それどころかＥＶや燃料電池車、自動運転車と次々とイノベーションが生まれる刺激的な産業である。そもそもジープは米クライスラーの主力車であり、日産とは関係がない。あくまでたとえ話である。

その一方で、父はこうも言った。

「いいか、これからの世界、ソフトには無限大の可能性があるぞ」

CBS・ソニーで手掛ける音楽は紛れもなくソフトである。ちなみにCBS・ソニーは今ではコングロマリットとも言われるソニーが作った最初のソフト企業でもある。1983年の当時、まだコンピュータとは大型計算機のことを意味し、ようやくマイコン（マイクロ・コンピュータ）という言葉を新聞や雑誌で目にするようになった頃である。しかもまだハードに目が行きがちなこの時代に、父はすでにソフトの将来性を見抜いていたことになる。ジープうんぬんは別として、父の慧眼（けいがん）には今もうならされる。

こうして私はCBS・ソニーの門をたたくことになった。

CBS・ソニー

私が入社した1984年の当時、ソニーはすでに世界的なブランドへと駆け上がっていた。日本ビクターとの「VHS対ベータ」の、いわゆるビデオ戦争に最終的に敗れはしたものの、トリニトロンカラーテレビとウォークマンで築いた名声は世界へと広がっていた。

ちなみにウォークマンは私がCBS・ソニーに入社する5年前の1979年に発売された。創業者の一人である盛田昭夫さんの名称に関するこだわりは、今では伝説となっている。ウォークマンはいわゆる和製英語のため、英国では密航者を意味する「ストウアウェイ」、米国では「サウンドアバウト」として売り出された。

英語ネイティブの現地社員にしてみればウォークマンという言葉はちょっと耳になじまないと考えたのだろう。しかし盛田さんは、「ウォークマンは英語ではなくソニー語だ」と言ってのけ、世界共通の商品名にしてしまったという。

そして私がCBS・ソニーに入社してから2年後。かのOxford English Dictionaryに「ウォークマン」という言葉が加えられた。日本の広辞苑に先立つこと5年。盛田さんの言葉の通り、ウォークマンは名実ともにソニーをグローバル・ブランドに押し上げたのだ。

私がCBS・ソニーに加わったのは、ちょうどそんな時代のこと。ただし、CBS・ソニーの私にとって、そんなことは正直に言って他人ごとでしかない。ソニーグループとは言っても、プロローグでも触れた通り、「たまたま社名にソニーという名前も入っている」という程度の認識だ。米国CBSのレコード部門の社員とはしょっちゅうやりとりしていても、「家電のソニー」が仕事の面で視界に入ってくることは皆無と言ってよかった。入社してしばらくしてから契約関係でたまにソニーの本社に行く機会ができたが、正直言って「別世界だな」という感覚だった。

私のソニーでの会社人生は、まさにそんな辺境から始まったのである。もちろん、自ら願ってそうしたのであるが。

CBS・ソニーで最初に配属された外国部では、海外アーティストの日本でのプロモーションのお手伝いが主な仕事だった。この会社は1968年の創業で、私が入社した頃にはすでに16年がたっていたが、それでも市ケ谷のオフィスには新進気鋭の空気感が満ち満ちていた。私がそうであったように、ソニー本体に忖度(そんたく)する気など一切ないといった雰囲気だった。

その象徴とも言えるのがCBS・ソニー設立とともに入社した丸山茂雄さんだろう。プレイステーションの誕生を陰で支えた功労者としても知られ、後に私の人生を大きく変えることになる大先輩だ。「これからはロックだ」とEPIC・ソニーという別会社を創ってしまったり、いつも人と違うことをしていた。丸山さんが後に創ったレーベルに「アンティノス」がある。Antinosとは、暗にアンチ・ソニー（Anti Sony）を示している。この名前ひとつで、ＣＢＳ・ソニーの社風をご理解いただけるのではないだろうか。

会社の中にもとにかく「やっちゃえ。やっちゃった者勝ちだ」という空気が満ちている。人がやらないことに挑戦することを良しとする。そのためには、少々のルーズさには目をつぶるというおおらかな雰囲気が漂う組織が、この頃に私が見たＣＢＳ・ソニーという会社だった。

丸山茂雄さん

丸山さんはいつも白のポロシャツにジーンズといういでたち。普段は自虐ネタが大好きで、どんな場面でも私の記憶に残るのが豪快に笑う姿だ。お父様はあの「丸山ワクチン」の開発者だが、私の知る丸山茂雄さんはソニーという大きな組織の中の反逆児であり、新しいイノベーションの種を育てる先駆者であり、なんといってもＥＱの高いリーダーだった。丸山さんとのいきさつは後の章で詳しく触れたい。

ニューヨークに戻ってしまう

外国部での仕事は面白かった。最初は米国ＣＢＳのレコード部門に送るテレックスの文面を書いたりしていたが、次第に大物アーティストの来日アテンドも任されるようになった。初めてのアテンドはガゼボさんだった。日本では小林麻美さんが「雨音はショパンの調べ」という曲名でカバーした「アイ・ライク・ショパン」を覚えている方もいるのではないだろうか。

もちろん緊張したが、特別扱いされることを嫌がる性格だと聞いていたのでなるべく普通に接したことだけは覚えている。次から次に予定が入っており、フジテレビ系「夜のヒットスタジオ」の収録にも同行した。目の回るような忙しさだったが、打ち上げに六本木の「瀬里奈」で乾杯した時の充実感は格別だった。彼の曲は今もたまに聴く。

華やかな音楽の世界に身を置く楽しさは味わいつつも、仕事とプライベートはハッキリと線を引きたいというのが私の考え方だった。だらだらと残業するのは嫌い。同期入社の早川理子と結婚すると、東京・市ケ谷のオフィスからは遠く離れた宇都宮に自宅を買い、新幹線で通勤した。週末は緑の多い郊外の生活を満喫する。

入社の日に社長の松尾修吾さんからいただいた「キミたち新入社員の存在は会社にとっては赤字だ」という訓示も、この頃にはもう記憶のかなた。少年時代に北米と日本を行き来した私だったが、学生の時に決めたように、すっかり日本に根付いた日々を送っていた。宇都宮はいい街だったなと、今でも思う。


そんな生活がめまぐるしく動き始めたのが1994年の年明けのことだった。上司の部屋に呼ばれると、「君にはニューヨークに行ってもらうから」と告げられた。聞いた瞬間は内心で「冗談じゃない。やめてくれよ」と思ったものだが、当時は会社の辞令を断るという雰囲気でもなく、淡々と従うほかなかった。

宇都宮に帰って妻の理子に告げると「話が違うじゃない」と詰め寄られた。理子も私と同様に帰国子女で、互いに「もう海外生活は嫌だし、日本でやっていこう」とよく話していたからだ。

後々になって知ったのだが、私のニューヨーク行きには実は丸山さんが一枚かんでいたそうだ。丸山さんが、当時の私の上司に「どうも、平井はニューヨークに行かせなければ会社を辞めるつもりらしいぞ」と伝えていたそうだ。実態は真逆で、ニューヨークも含めて海外生活はもう、うんざりだったのに。

そうはいっても会社の命令だ。私は渋々、ニューヨークに転勤することになった。それまでもニューヨークには何度か出張で行ったことはあるが、住むとなればまた話は別だ。

あの小学生時代を過ごしたリフラックシティはちょうどJFK空港からマンハッタンへと向かう道中の高速道路沿いにあるのだが、あの茶色い団地群を見たときは「ああ、ここに帰ってきてしまったんだな……」というのが正直なところだった。

太平洋を渡って生活の場を変えるのは、これが実に7度目だ。だが、ここでニューヨークに移ったことが私の人生を大きく変えた。

東京での私の肩書は係長。ニューヨークではゼネラルマネジャー（GM）という肩書に変わったが、なんのことはない。駐在員は私ひとりで、早い話がなんでも屋だ。

不本意な転勤だったが、エンタテインメントの本場であるニューヨークで音楽ビジネスに携わるのも悪くはないかと思い直した。ところが、人生とは不思議なものだ。ひょんなことからプレイステーションのビジネスに携わることになる。期限つきのお手伝いのつもりが、あれよあれよという間に引き返せなくなってしまった。

そこで私を待っていたのは、組織の体をまったくなさないボロボロの現場だった。疑心暗鬼と足の引っ張り合い、そしてみんながバラバラの方向を向いている……。そこで五里霧中の中を駆け抜けた日々が、経営者としての土台を創ることになろうとは、ニューヨークに渡った時点では、思いもしなかった。

第2章

プレイステーションとの出会い

久保田利伸さんの執念

ニューヨークはいつの時代も世界のショービジネスの中心地だ。

マンハッタンのど真ん中を貫くブロードウェイには数々の劇場が軒を連ねる。毎夜、開かれるミュージカルやオペラの舞台を踏むことが許されるのは、世界でも最高峰と認められた才能だけだ。ちょっと渋い場所にあるライブハウスにも、明日のスターを夢見る若い才能がひしめき合っている。音楽ビジネスに携わる者としては、世界の頂点を垣間見ることができる場所と言える。

当時の私のような裏方とは違い、己の実力ひとつでこの場所で勝負しようというアーティストにとっては、「垣間見る」などというのんきな言葉が通用する世界ではない。ほんの一握りの成功者の裏には、日の目を見ない若者たちが数え切れないほど存在する。これほど厳しい世界があるだろうか。それでも、あえてこの場所で成功をつかもうとする挑戦者の姿には、見る者をとりこにする魅力が存在する。

それを私に教えてくれたアーティストがいた。久保田利伸さんである。日本で

「Missing」や「流星のサドル」などの大ヒットを次々と飛ばし、押しも押されもしないスターとなっていた久保田利伸さんがニューヨークに活動拠点を移したのが、ちょうど私が転勤する直前のことだった。

私がニューヨークに渡ったのが1994年。久保田利伸さんは翌年の全米デビューに向けた曲作りの真っ最中だった。そこで私が見たのは、まさに人生を懸けたプロ中のプロの鬼気迫る姿だった。

レコーディングルームに入ると収録が夜中の2時や3時まで続く。そのまま徹夜することも珍しくない。私はレコーディングの作業には関わらないが、彼の行動から絶対にここで成功するんだという執念が伝わってきた。何がすごいのかと問われれば、ひと言で言えば完璧を求めて妥協しないその姿勢だ。

曲作りだけでなく、マーケティングの議論になってもスタンスは同じ。この方はシンガー生命を懸けているなということが、言葉にしなくても伝わってくる。

「日本から来たアーティストだからこそできることは何か？〝日本のマイケル・ジャクソン〟じゃ、意味がないよね」

そんな議論をしたことを覚えている。

そういう姿を見せられると、人間というものは心が動かされるものだ。気づけば、

「彼のために自分には何ができるのか」と考えるようになっていた。

誰よりも大きな熱量で高い壁に挑む。その姿を見せつけられた者たちを、知らず知らずのうちにひとつの方向へと巻き込んでいく——。

思えば、あの時の久保田利伸さんこそ、EQ（心の知能指数）の高いリーダーのお手本だったのではないだろうか。後に久保田利伸さんがニューヨークから大ヒットとなった名曲「LA・LA・LA LOVE SONG」を生み出したのも、当然のことなのかもしれないと、今になって思わされる。

「プレイステーションを手伝って」

初めは気が乗らなかった2度目のニューヨーク生活だが、住めば都とはよくいったもので、ここでの仕事は日本とはまた違う意味で面白かった。当時は目抜き通りの五番街近くにある「550 Madison」という高層ビルがオフィスだった。なお、この頃には私の勤務先のCBS・ソニーは、ソニー・ミュージックエンタテインメントに改称している。ここから先は、特に必要がない場合は「ソニーミュージック」と記すことにする。

この米国本社ビルはもともと米AT&Tのビルだったが、私が赴任する前年にソニーが買い取っていた。とてもぜいたくな設計で、エントランスは7フロア分の巨大なアーチとなっている。有名なエンパイアステートビルやクライスラービルなど、趣向を凝らした高層ビルが並び立つニューヨークのミッドタウン地区にあってもひときわ目を引くビルだった。

正直、「オフィスなのになんでこんな立派なビルが必要なのかな」と思ったものだ。実は、後にソニーの社長になった時に真っ先に売却したのが、このビルだった。

自宅があったのは子供の頃に住んでいたリフラックシティとはマンハッタンを挟んでちょうど逆側の、フォートリーという郊外の街だ。マンハッタンを出るとハドソン川にかかるジョージ・ワシントン・ブリッジを渡った先にある。緑が多い川辺の静かな街で、当時は日本人駐在員が集まっていた。大きな日本のスーパーもあり、家族で住むには申し分ない土地といえる。

2度目のニューヨーク生活にもすっかりなじんで1年ほどがたった1995年の5月か6月頃だったと思う。CBS・ソニーグループの大先輩である丸山茂雄さんから電話

1994年12月3日に発売した初代のプレイステーション
©2014 Sony Computer Entertainment Inc. All rights reserved.
Design and specifications are subject to change without notice.

がかかってきた。

「プレステの仕事さ。ちょっと手伝ってくんない？」

そんな軽い口調だったと記憶している。プレイステーションは1994年12月に日本で発売したゲーム機だ。おおかたの予想をはるかに上回る好調な出足で、勢いに乗って北米での発売も控えていた時期だった。

「ええ、いいですけど」

私は、こんな返事をしたはずだ。これが会社員人生で最大のターニング・ポイントになることを、知るはずもなく。

このいきさつには少し説明が必要になるだろう。プレイステーションはソニーが生んだ鬼才と言っていい久夛良木健（くたらぎけん）さんが中心になって始めた新規事業だ。もともと半導体のエンジニアだった久夛良木さんは、私よりちょうど10歳上。その久夛良木さんが、任天堂のスーパーファミコン向けにCD－ROMを一体化した次世代のゲーム機を開発するというプロジェクトを進めていたのが、プレイステーション誕生のきっかけとなった。

これは今では社内外でよく知られた話だが、このゲーム機の開発を巡ってソニーと任天堂の間でいざこざがあった。1991年6月、シカゴで開かれる家電の見本市で両社の提携が大々的に発表されることが内々で決まっていたのだが、発表の数日前に突然、任天堂が提携パートナーをソニーからオランダのフィリップスに変更すると通知してきたのだった。

久夛良木さんが任天堂の「心変わり」を知らされたのは、その発表の打ち合わせのために東京から京都にある任天堂本社に向かう道中だったという。この時、久夛良木さんに同行していたのが当時は広報担当役員だった出井伸之（いでいのぶゆき）さんだ。後にソニーのCEOになる方だ。

ハシゴを外された形の久夛良木さんは、ここであきらめなかった。任天堂が他社と組むというのなら、ソニーが独自でゲーム機市場に参入すればいい。もちろん、ソニーにとっては大きな賭けとなる。社内でも反対論は根強い。

その1年余り後に開かれた経営会議でのやりとりは、今では社内でも伝説となっている。状況は久夛良木さんにとって最悪だった。出席したほとんどの役員はゲーム機参入に反対だったという。

ここで久夛良木さんは、賭けに出た。社内の異論を封じ込めるには大将を落としてしまえと言わんばかりに、会議では当時社長だった大賀典雄さんだけに向かってしゃべり始めたのだという。

最初は技術的な議論が続いたそうだ。久夛良木さんはあえて大ボラとも思えるスペックをぶつけてみせた。このあたりのくだりは麻倉怜士さんの著書『ソニーの革命児たち』に詳しい。私も「また聞き」であるため、以下は同書を参考に当時の様子をご紹介したい。

「君、ウソを言っちゃいかんよ」

大賀さんは久夛良木さんの「ハッタリ」を見抜いたようだが、久夛良木さんはそこで食い下がるような人ではなかった。ついに「禁句」を口にしてしまった。

「任天堂にあれだけのことをされて、黙っているおつもりですか！」

これには大賀さんも怒りの火に油を注がれたことだろう。久夛良木さんが「決断してください！」と訴えかけると、「そんなに言うのだったら、本当かどうか、証明してみろ！」と言い放った。

そして大賀さんが机をドンとたたいて発したひと言は、プレイステーション誕生の物語では必ず引用される。大賀さんはたったひと言、こう叫んだ。

「ＤＯ　ＩＴ‼」

丸山さんと久夛良木さん

プレイステーションという、後にソニーの屋台骨を支える事業は、こんなやりとりから始まったのだという。ただ、こんな感情論のような議論から出発したプレイステーション開発には、先述の通り社内でも反発が強かった。

ここで登場するのが丸山さんだ。丸山さんはＣＢＳ・ソニーの発足と同時に広告代理店から加わった人だ。丸山ワクチンの開発者を父に持ち、大賀さんとは遠縁にあたるという。当然、私にとっては会社の大先輩だ。私の知る丸山さんはいつもラフな格好でオフィスに現れ、誰にでも気さくに話しかけるような方だった。江戸っ子そのものと言っていいカラッとした性格で、独特のべらんめえ調でいつも冗談ばかり言っている。

ソニー社内で敵が多かった久夛良木さんをかくまったのが、ほかでもない丸山さんだった。丸山さんはCBS・ソニーでの仕事に飽きたらず、ロックを主に扱うEPIC・ソニーを立ち上げていた。場所も市ケ谷のCBS・ソニーに対して距離を置こうと青山にオフィスを構えた。ここに久夛良木さんを迎え、じっくりと腰を据えてゲーム機の開発に取り組めるようにしたのが、丸山さんだった。

久夛良木さんは今でも「プレイステーションの父」と呼ばれることが多いし、それは100%正しい。ただ、丸山さんをはじめ、その挑戦を支えた人たちの存在がなければ実現しえなかったこともまた、事実だろう。

プレイステーションには反対者が多かったと書いたが、正直に言えば私も「なんでゲームなんかやる必要があるんですかね」とか「そんなことやるべきじゃないでしょ」と論評していたうちの一人だった。

正直、ゲームビジネスの意義が分からなかった。ゲームと言われても高校3年で学校の帰りにインベーダーゲームで遊んだのが最後で、その後に任天堂のファミコンが大ブームとなっていたものの、すでに社会人となっていた私はゲームというものに、まったく興味がなかった。

プレイステーションを手掛けるソニー・コンピュータエンタテインメント（SCE、

現ソニー・インタラクティブエンタテインメント）ができてからも、電話で「ＳＣＥの……」と言われると「ああ、ソニー・クリエイティブプロダクツの？」と勘違いしていたほどだ。

そんな私が丸山さんから「ちょっと手伝ってくれ」と言われて、深く考えずに「いいですよ」と返事をしたのには「クリスマス商戦が終わったらまたミュージックに戻ってくれればいいから」という口約束があったからだ。

それに手伝うと言っても、ＳＣＥの社長に就いていた徳中暉久さんが米国に出張に来る時だけ「カバン持ちをやってくれればいいから」という程度の話だった。

北米でのプレイステーション発売という大事な時期を前に「ああ、丸山さんも大変だな」という感じでお手伝いすることにした。

ＳＣＥの米国拠点であるソニー・コンピュータエンタテインメント・アメリカ（ＳＣＥＡ）があるのは西海岸のサンフランシスコ国際空港からほど近いフォスターシティという街だ。サンフランシスコ湾沿いの海辺の住宅街である。

「まあ、たまにカリフォルニアの太陽を浴びに行くのもいいかな」

その程度の、軽い気持ちだった。

リッジレーサーの衝撃

ゲームには興味のない私だったが、SCEAのお手伝いをするということで、発売直前にプレイステーションを1台借りてみることにした。

プレイしたのは「リッジレーサー」だった。いわゆるポリゴンを駆使した3D映像で、ひとたびクルマを走らせると背景が流れるように映し出されていく。

「ええっ！　こんなことが家でできちゃうの？」

その臨場感は、私が知っているゲームとはまったく違うものだった。いくら自分の中でのゲーム体験が高校時代のインベーダーゲームで止まっていたとはいえ、それはもう驚愕だった。そりゃ、丸山さんも入れ込むわけだ。

余談になるが、2006年にロサンゼルスで開かれたE3というゲーム見本市でPSP（プレイステーション・ポータブル）を発表する際に、リッジレーサーを実演しながらメニュー画面で流れる声をまねて「リィィーッジレーサー！」と軽くシャウトしてアピールしたことから、一部のマニアの方々から「リッジ平井」というニックネームをいただいた。

　リッジレーサーの完成度に感動する一方で、私は自分がゲームにうといことも理解している。すごいのは分かるけど、それがどれほどのビジネスになるのか、正直に言って当時の私には見当もつかなかった。

　そんな疑念が吹き飛ぶような出来事があった。アメリカでプレイステーションを発売したのは１９９５年９月９日。その日はサンフランシスコに出張していたのだが、むしろ気になっていたのは久保田利伸さんのＣＤの方だった。

　久保田利伸さんはその４日前に全米デビューしていた。ＣＤの売れ行きの情報はもちろん入っていたが、やはり現場の状況が気になる。タワーレコードに行くと、ポスターが貼ってありしっかり売られていた。ホッと一息である。

「どうせだし、ついでに」

　その足で近くのゲームショップに行くとそこには長蛇の列。もちろんお目当てはプレイステーション

「リッジレーサー」のゲーム画面
©BANDAI NAMCO Entertainment Inc.

だ。日本では発売してすぐに初回出荷の10万台が売れてしまったことが報じられていたが、ここアメリカでもその人気はすさまじかった。

一方、久保田利伸さんの全米デビューアルバム「SUNSHINE, MOONLIGHT」は日本でこそオリコンチャートで週間1位を獲得したが、アメリカでの評価は担当者の私としても納得のいくものではなかった。

それにしてもプレイステーションのインパクトが大きすぎた。

久保田利伸さんの情熱を間近で見ていただけに正直、複雑な気持ちだった。軽い気持ちで手伝うことになったゲームがこれほどの熱狂を持ってアメリカで受け入れられ始めている。もちろん音楽とゲームでは比較するのがナンセンスだ。ただ、その時にふとこんなことを考えた。

日本から輸出するソフトウエア、もう少し広く日本から輸出する文化という意味で考えれば、ゲームビジネスは大化けするのではないか——。認めたくない気もするが、音楽ではまだなしえないような大きなことができるんじゃないか。

それが、私がゲームビジネスの可能性に気づかされる最初の経験だった。

バラバラのSCEA

ただし、アメリカでプレイステーションのビジネスを軌道に乗せるには、大きな問題が存在していた。それが現地拠点のSCEAの経営だった。まず、指揮命令系統がバラバラでカオス状態だった。

その理由は、ソニーグループ全体を取り巻く主導権争いにあった。当時のSCEA社長は、プレイステーションにとって当時最大のライバルと目されていたセガから引き抜いたスティーブ・レイスさんだった。そのスティーブのボスがレポートしていたのが、東海岸のニューヨークにあるソニーの北米統括会社、ソニー・コーポレーション・オブ・アメリカ（ソニー・アメリカ）社長のマイケル・シュルホフさんだ。

シュルホフさんは大賀典雄さんの懐刀とも言われた実力者だった。大賀さんは、井深大さんと盛田昭夫さんという二人の偉大な創業者から直接薫陶を受けた創業世代では最後となるソニーの社長。長らくソニーの最高実力者であり、私から見れば雲の上の存在である。

ここで話がややこしくなるが、このソニー・アメリカの子会社がもともと北米でのゲームビジネスを細々とやっていた関係で、SCEAのレポートラインも東京ではなくニューヨーク、つまりこのソニー・アメリカになってしまっていたようだ。

ニューヨークにいる実力者の後ろ盾を持つスティーブは、東京の意向にはまったく耳を貸さず、独自路線を打ち出した。「PlayStation」のロゴもアメリカで勝手に作ったり、「ポリゴンマン」なるキャラを作って独自のイメージ戦略を打ち出してみたり。それどころかアメリカだけプレイステーションのボディーの色を変えろと言い出したかと思えば、そもそも「プレイステーション」というネーミングがイマイチだと言って名称の変更も迫っていたという。こういったことを、東京の久夛良木さんや丸山さんにはまったく知らせることなく現地で勝手に進めてしまう。これにはお二人とも手を焼いたそうだ。

プレイステーションは前述したウォークマンのように世界統一でのブランド戦略を計画していたので、久夛良木さんたちも引き下がるわけにはいかない。ポリゴンマンの一件は、東京の強い意向で正式発表の直前ギリギリのタイミングで撤回させていた。

結局、スティーブはプレイステーション発売まで1カ月を切ったタイミングでSCEA社長を退任することになった。ちょうど私がSCEAのお手伝いにかり出され始めた頃のことだ。

そんな折に「政変」が起きた。

アメリカでのプレイステーション発売から3カ月が過ぎた1995年12月に、実力者であるソニー・アメリカのマイケル・シュルホフさんが突然退任したのだ。どうやら、この年に大賀さんの後を継いでソニーの社長となった出井伸之さんと激しく対立したらしいという噂が流れてきた。もっとも、私にとっては雲の上で起きている出来事でしかない。ウォール・ストリート・ジャーナルや日経ビジネスの特集記事を読んで「ソニーも大変だな」という程度の認識だった。

ただ、東京のSCE幹部にとっては、SCEAのレポートラインを統合するチャンスである。スティーブの後任として現場のオペレーションを担当する社長に任命されたのがエレクトロニクス部門のマーケティング担当だったマーティ・ホームリッシュさんだった。

いよいよSCEAの立て直しに着手したのだが、これが一筋縄ではいかない。

印象的だったのがマーティに起きた異変だった。マーティはもともとオープンマインドな人で「みんなでがんばっていこうよ」という雰囲気作りを進めようとしていた。ところが、しばらくたつとどう見てもノイローゼ気味な表情を浮かべるようになってしまっていた。

するとマーティは自分の部屋のガラスを取り外して中が見えないように壁にしてしまった。「ブラインドを閉めても、いつも誰かに見張られている気がする」と言っていたが、こうなってしまってはもはや現場のチームとはまともにコミュニケーションも取れない。相当追い込まれていたように見えたマーティの様子を見た私は、東京に「どうやらダメみたいです」と報告した記憶がある。

東京のソニー幹部からの期待が高かったマーティが早々にギブアップしてしまったことになる。ただ、ここで執念を見せるのが丸山さんだった。前述した通り、私には「クリスマス商戦が終わればミュージックの仕事に戻ればいいから」と言っていたはずが、ちょうどそのタイミングだった。

「悪いけどもうちょっとマーティをサポートしてやってくれ」と延長を告げられたのだ。ただ、そのマーティがみるみる追い込まれていく。結局、マーティは元のエレクトロニクス部門に帰ることになった。

その頃、SCEAの会長も兼任するようになった丸山さんは行動で示すことでチームをまとめ上げようと考えた。

「俺は毎週、東京から来る。言っておくけど俺が倒れたら次は久夛良木が来るからな」

こう宣言すると、本当に東京から毎週、SCEAのあるサンフランシスコ近くのフォスターシティにやって来る生活を始めたのだ。

月曜にソニーミュージックの役員会に、火曜に東京のSCEに出社すると水曜日に飛行機に乗る。時差の関係でフォスターシティに着くのも水曜日。そのまま仕事をこなし、木曜と金曜はSCEAで過ごす。そして週末にまた東京へと帰っていく……。これを本当に毎週繰り返していったのだ。

丸山さんはこの時、50代半ば。まだまだ元気だとはいえ超人的なスケジュールである。これを見せられると、私ももはやお手伝いだなんて言っていられない。丸山さんに随行してSCEAの立て直しに奔走することになった。

サンフランシスコ国際空港で丸山さんを迎えると、フォスターシティのSCEAに立ち寄る前に、空港のすぐ隣にあるバーリンゲイムのハイアットホテルに行って一緒に昼食を取る。よく一緒に食べたのはこのホテルのパスタだった。まずは私から丸山さんが不在だった週前半の出来事を報告すると、そこから対策会議が始まる。一週間分の対策を練り上げてからSCEAに乗り込むのだ。

事前準備をしっかり済ませているので、現地で会議が始まり、丸山さんが日本語で何か指示すると、すぐに私がそのまま話を引き取って英語で現地社員に伝える。こちらは準備万端だ。丸山さんの簡潔な指示に対し、私の英語の説明が何倍にも長くなってしまうので、現地のスタッフは「日本語はなんて効率の良い言葉なんだ」と思ったらしい。

35歳で経営再建に着手

こうやって粘り強くプレイステーションのレポートラインを統合する作業を進めていたが、やはり毎週、日米を往復する生活は確実に丸山さんの体力を奪っていったようだ。半年が過ぎた頃に「俺は疲れたから、おまえが社長をやってくれ」と告げられた。エレクトロニクスに戻ってしまったマーティの後任、つまりＳＣＥＡの社長を任せるというのだ。

これには驚かされた。

当時の私は35歳。現地法人とはいえ、ＳＣＥＡはソニーグループの中でも重要な会社になっていた。ソニーミュージックではニューヨークに来てから一人でＧＭと名乗っていたが、東京では係長だ。そもそも私はまだＳＣＥではなくソニーミュージックの社員である。

「いや……。いくら丸山さんのご指名でも、いきなり私が社長になったのでは現地の社員が認めないですよ」

さすがに気が引けた。私はそんな器じゃないでしょう、と。

すると丸山さんは「おまえはいつも場を仕切っているんだから、アメリカ人も言うことを聞くよ」と言う。そんなことはないだろうと反論すると、丸山さんはこう言った。

「そもそもソニーミュージックは若いヤツらにどんどん新しい仕事をさせる会社じゃねぇか。だからおまえもやってみろよ」

そう言われれば確かにそうだ。それがソニー本社とは違うソニーミュージック、いや私が入社した頃のＣＢＳ・ソニーの良いところだと、私自身も誇りにしていたはずだ。ただ、やはりいきなり社長となると、あのバラバラの組織をまとめ上げる自信はない。

「じゃ、仮免許ってことでどうですか」

こうして私は社長ではなく「仮免許扱い」ということで、ＥＶＰ（エグゼクティブ・バイス・プレジデント）兼ＣＯＯ（最高執行責任者）に就くこととなった。社長は不在。丸山さんは会長のままだが、これまでのような頻度でフォスターシティに来ることはない。ちょっと前まで係長だった私が、「仮免許」の身分ながら実質的にＳＣＥＡの経営を任されることになったのだ。

そんな私のハートに火をつけたのが、丸山さんから言われた「平井ってヤツにSCEAを任せるって、出井さんにも伊庭さんにも言っておいたから」という言葉だった。

（え、出井さんにも言っちゃったの？）

出井さんはソニーのトップ。伊庭保（いばたもつ）さんはその財務を預かるソニーの初代CFO（最高財務責任者）だ。SCEAはソニーから見れば子会社であるSCEの現地法人のひとつに過ぎないが、プレイステーションが海外でも通用するか否かの試金石とも言える重要な市場を任されている。よく考えれば、事前にこの二人の了解を得るのは当然だろう。ただ、当時の私は経営者としてはまったくの素人だ。その素人人がかじ取りを任されたのが、立て続けに二人の社長が交代したばかりの組織だった。もし丸山さんが指名した私まで失敗すれば、丸山さんだって任命責任を問われることは言うまでもない。

「おまえに任せたからな」

丸山さんはそう言って、本当にSCEAの経営を私に任せてしまった。その度量の大きさを見せられると、誰だって期待に応えたいと思ってしまうものだ。丸山さんは私の心のスイッチを押したのだ。私はニューヨークの自宅を引き払い、フォスターシティへと移り住むことを決意した。

私はリーダーに必要な資質に「方向性を決めること。そして決めたことに責任を取ること」があると考えている。これはソニーの社長になってからも常に腹の中で持ち続けた信念である。まさにこの時、丸山さんに教えられたことだ。

仕事を丸投げにするわけではない。私もよく意見、いや異見を丸山さんにも求めた。時には「俺はそりゃ、違うと思うけどねぇ、平井さんよぉ」なんて言い方でアドバイスをくれるのだが、私が決めたことには一切、口出しをしなかった。

泣き出す社員

こうして突然、経営を託された私だが、SCEAの状況が思ったよりも深刻だということをすぐに思い知らされることになった。

そもそも私は音楽業界からやって来たまったくの門外漢だ。さらに現地の社員から見れば東京の意向で送り込まれてきた日本人である。さしずめお目付け役とでも思われていることだろう。すでに追い込まれた状況でバッターボックスに立たされていることを自覚せずにはいられない。

私もニューヨークからフォスターシティに通っていたので、現地の社員たちとは互いに知った仲ではある。とはいえ、カズ・ヒライという人間を本当の意味で知ってもらう必要がある。それと同時に、私ももう一度彼ら彼女らがどんな思いで日々働いているのかを知らなければならないと考えた。そのためには一対一でのミーティングが手っ取り早く、なにより確実だ。私はフォスターシティに移ると早速、実行に移した。

すると、徐々に社員たちの本音が見えてきた。

「プレイステーションは素晴らしい商品だと思うんです、でも、もうこんな会社では働きたくありません」

そう言って泣きだす社員もいた。思わずテーブルにあったティッシュを差し出したことをおぼえている。

「ここはストレスが大きすぎる」

「みんな言っていることがバラバラなんです」

特にグサッときたのがこんな言葉だ。

「私は給料を得て毎日会社に来ている。だから与えられた仕事にプラスして貢献しようと思っている。なのに、もっと給料を得ている連中がそれをブロックしてくる。それを放置している経営陣は、もっと良くない。こんな環境では耐えられない」

おっしゃる通りと言わざるを得ない。その言葉のひとつずつにうなずき、耳を傾ける。話しているうちに感情的になる者はひとりやふたりではなかった。いつのまにか「俺の仕事はセラピストか？」と自嘲気味に思うようになっていた。

ただ、ここまでに紹介した声はまだ建設的な部類に入る。むしろ多かったのが、平気で仲間を売るような言葉だった。

「あいつのことは信用できない」

「私をバイス・プレジデントにしてくれたらカズのために働くことを約束する。ただ、そのためにこいつとこいつをクビにして欲しい」

言葉を失うとはこのことだ――。もう、組織としては機能していないどころか、泥沼である。

こうなったのには理由があった。いかにもシリコンバレー流と言えばその通りなのだが、あるチームとあるチームが、もしくは同じチームの中で誰かと誰かが常に競い合う、徹底的な競争主義だ。よく言えば実力主義だが、度が過ぎて足を引っ張り合うようになってはマイナスでしかない。

つらい仕事こそリーダーがやる

そんな組織を根本から立て直すためには、何から手を付ければいいだろうか。いきなり経営者となった私にはすべてが手探りだった。ただ、ひとつハッキリとしていたのは社員にも指摘された通り、経営陣のチームを固めないことには社員たちに「ここでやっていこう」とは思ってもらえないということだ。

そう考えた時、どうしても避けられない仕事が浮かび上がってきた。

リーダーとして最もつらい仕事のひとつが、「卒業」の宣告である。ここでは経営層のリストラになる。つまり、会社を辞めてもらうこと。「あの人は政治的なことばかりやっている」と社員から見られるような人を会社に残して足の引っ張り合いを放置してしまえば、社員が安心してパフォーマンスを発揮できる環境には絶対にならない。

それに、前述の通り私はすでに追い込まれている。ここでバットを振らなければゲームセットだ。嫌な仕事だといってためらっている余裕などない。

SCEAを去ってもらう人には、ハッキリと告げた。

「君はこの会社とは縁がなくなる。辞めてもらう。今日はもうこのまま帰っていい。明日の朝6時以降に会社に来てもらえればセキュリティーと同行で部屋に入れるようにしてある。私物だけ持って帰ってくれ」

非情な宣告である――。これは人事部門などの人に任せず、必ず自分自身で行った。クビを宣告する相手と一対一で向き合って。

これは後々まで私が経営者として貫き通したポリシーだ。少なくともマネジメントの一員として自分より先輩の方には、つまり経営層として自分より長く組織に貢献してきてくれた人には、直接会って一対一で「卒業」を促す。

理由は大きく言ってふたつある。第一に、やはり会社に貢献していただいた人に対する敬意を示すためだ。

そして第二に、こんな気乗りしないつらい仕事を人任せにするようなリーダーに、人はついてこないと考えるからだ。例えば、人事部門の人がこんな仕事を振られたら「平井さんは良い時は表に出てくるくせに、嫌な仕事だけは我々にやらせるんですね」と思ってしまう。そう思われてしまったらもう、人は動いてくれない。

経営者になると日々、様々な判断を迫られる。ほとんどルーティン化したような決裁もあれば、非常に厳しい判断、痛みを伴う決断を下さなければならないことも多い。

私の場合、大きく言えば、このＳＣＥＡを振り出しに、この後には東京のＳＣＥ本社、そしてソニーと三つのステージで「経営再建」という課題に取り組み、そのたびにいくつものつらい決断を下してきた。

ＳＣＥＡの頃はまだまだ手探りだったが、この時の経験からも後々まで絶対に変えることがなかった経営者としての大原則がある。それは、難しい判断になればなるほど、特に心が痛むような判断であればそれだけ、経営者は自らメッセージを伝えなければならないということだ。リーダーはそういうシーンで、逃げてはならない。

私はよく管理職の皆さんに「もし部下による選挙が行われたとしよう。自分が当選する自信がありますか？」と問いかけてきた。もちろん自分自身にも、である。

ソニーはずっと年功序列的な要素をなくそうとしてきた会社だが、それでもやはり長く同じ部門やチームに在籍した人が昇任するケースは多い。だからこそ、その部門を任された管理職、つまりリーダーには「はたして自分は部下から選ばれる存在だろうか」ということを常に意識し、自問してほしいと言ってきた。もちろん部下にこびろというわけではない。

繰り返しになるがリーダーにはつらい判断、人から嫌われる判断がつきものだ。そんな状況にあっても自分はリーダーとして選ばれる存在なのか。リーダーは部下からの「票」を得なければならない。厳しい局面で逃げるリーダーに票は集まらない。だから、逃げる姿を見せてはいけないのだ。

先輩たちへの卒業宣告は、その好例と言えるだろう。正直、できるものならやりたくないことが多い。でも、やらなければならない。

これはソニーの社長になってからも実践していたのだが、一度ひどい目に遭ったことがある。ある時、アメリカのトップマネジメントの方に卒業を告げるためにサンフランシスコからニューヨークに飛ぶ予定だった。

その日は猛吹雪で定期便はほとんど運休だった。だが、このタイミングを逃すと、その人が出張に出てしまうということが分かった。私も次はいつニューヨークに行けるか分からない。そこで私は会社のプライベート・ジェットでニューヨークに向かったのだが、案の定、激しい乱気流に巻き込まれて飛行機が大揺れに揺れた。冗談ではなく「これは墜落するんじゃないか」と思ったほどだ。

窓から見えるのは濃い雲だけ。機内はずっとガタガタと音を立てながら揺れ続ける。すると、突然だった。ドーンという音とともに座席から衝撃が伝わってきた。どうやら着陸したようだった。

私はこれまでにどれほど飛行機に乗ったか想像もつかないほど年がら年中、地球のあちらこちらを飛び回ってきた。当然、乱気流に巻き込まれることも日常茶飯事だが、本気で死ぬかもと思ったのはこの時だけだ。後でパイロットに話しかけると「あれは着陸ではなく、コントロールド・クラッシュだった」と言って笑っていたが、今思い返してもゾッとする。ただ、そこまでしてでも「卒業は自分で告げる」というポリシーは貫き通したかった。

相棒

チーム作りという点では、非常に幸運だったことがある。私がニューヨークを離れてフォスターシティに来たのとほぼ同じタイミングで東京から赴任してきたアンドリュー・ハウスさんの存在だ。いつもはアンディと呼んでいる。私にとってSCEA再建という仕事に取り組む上で欠かせない相棒だった。

アンディはウェールズ出身でオックスフォード大学では英米文学を学んだが、非常に流暢な日本語も話す。なんでも学生時代に「砂漠の真ん中で化学実験します」を口実にスポンサーを募ってクルマを買い、サハラ砂漠を旅したのがきっかけで異文化に関心を持ったのだという。

日本政府による国際交流プログラムに応募して仙台で英語を教える傍ら、自分も日本語を学んだそうだ。その後にソニーに入社して、広報担当として久夛良木さんたちのプレイステーション計画に関わっている。プレイステーションの発売やSCEの設立を知らせるプレスリリースも、アンディが書いたそうだ。

その後、ソニーから発足したばかりのSCEに転じ、マーケティング担当のバイス・プレジデントとしてSCEAにやって来た。後にソニーのCEOとなったハワード・ストリンガーさんにその手腕を買われてソニー全体のマーケティング責任者となり、2011年に私がSCE社長からソニー副社長に転じた際には、自分の後任としてSCE社長に指名したのが、彼だった。

彼もまた、社員たちの悩みを聞くことから始めていた。やはりニューヨークから来た私と東京から来たアンディがこれまでの事情を何も聞かないまま突然、経営改革を始めてしまうと、もとからSCEAにいた社員たちは「なんだ、こいつら」になってしまう。そこは根気よく社員の話を聞いて、まずはこちらが現状を把握しようと、アンディとは示し合わせていた。

一日の仕事が終わると、よくアンディと二人で「今日はこんな悩みを聞いたよ」と話し合ったものだ。私との会話はシチュエーションによって、英語になったり日本語になったり。当時は私が35歳でアンディは31歳。そこにセールスのプロだったジャック・トレットンさんも加わって散々議論を重ねたのをよくおぼえている。

振り返れば、この頃に話していたのは今日のことや明日のことばかりだった。「将来はこんな風にゲームビジネスを展開したい」といった遠い先の夢や希望を話すことは少なかったように思う。目の前にある混乱し疲弊しきった組織を立て直すことが先決だったからだ。とにかく「まともな会社にしないといけない。社員がプライドを持てる会社にしないといけない」という話ばかりだった。

クリエイター・ファースト

経営チームが固まり、ほとんど存在しないに等しかった決裁や人事のシステムも作り、なんとか「当たり前の会社」に生まれ変わるための第一歩を踏み出したSCEA。肝心のゲームに関しては、売れ行きは絶好調だった。その勢いをどうドライブするか。

当初から決めていたのが「クリエイター・ファースト」という方針だった。プレイステーションは久夛良木さんたちがこだわり抜いて作り上げた素晴らしいハードだ。ゲームには疎かった私でさえ、あのリッジレーサーひとつでその可能性を確信してしまうほどだった。

ただ、そうは言ってもゲームビジネスの成否を決めるのはハードの性能だけではない。優れたソフトがあってこそだ。だから、ゲームを作るクリエイターたちが活躍しやすい環境を整え、なにより「プレイステーション向けにゲームを作りたい」、「プレイステーションなら自分たちの世界観をより良く表現できそうだ」と思ってもらえるような状況にすることが、成功への第一歩だと考えた。

音楽業界にいた私からすれば当然の発想だ。

言うまでもなく音楽の世界では、アーティストによる創造がすべての始まりである。すべては素晴らしい曲の誕生から始まるのだ。その上でアーティストたちの曲やパーソナリティーをどうやって世の中に知らしめ、行き渡らせるかということが我々の仕事になってくる。「アーティスト・ファースト」なのだ。ゲームの世界もこれによく似ている。

ただ、この時点では私は音楽からゲームに移っただけなのでよく分からなかったのだが、ソニー本体の大黒柱であるエレクトロニクス部門では、ある意味、異質なビジネスモデルなのかもしれない。

テレビやオーディオといった製品の売れ行きを決めるのは、やはりその品質だ。いかに美しい画を映し出せるか。まるで目の前でアーティストが演奏しているかのような音をどうすれば再現できるのか。こういうことをとことん追求する。

素晴らしい製品を作る上でも、デバイスメーカーなど社外の知恵はもちろん不可欠だ。ただ、差異化に必要なノウハウはソニー内部の研究所や開発現場に蓄積されている。

音楽やゲームではそうはいかない。素晴らしいゲームや曲がないと始まらない。社外のアーティストやクリエイターにそれを創ってもらわないと始まらない。それがないと最新のテクノロジーを詰め込んだゲーム機もただの箱でしかない。

これにはソニー固有の事情もある。家庭用ゲーム機の市場を切り開いた任天堂は自社でもソフトを続々と作り出していった。現在に至るまで任天堂の「顔」であるスーパーマリオブラザーズがその代表例だろう。任天堂は自社でも大ヒット作を世に送り出しつつ、コンテンツ開発の門戸を「サードパーティー」と言われる社外の会社に開いて、彼らをファミコンの世界に巻き込んでいった。これがファミコンの大成功をもたらしたのだ。

これはずっと後の時代のスマートフォンに似ている。スマートフォンはいつでもどこでもインターネットに接続できる便利さもさることながら、多種多様なアプリを集めるプラットフォームを作り上げたこと、言葉を換えればサードパーティーとのエコシステムを築き上げたことが成功につながった。

話をゲームに戻すと、後発のソニーはゲームの開発会社、いわゆるデベロッパーとしては任天堂やセガほどの力が初めからあったわけではなかった。いかにサードパーティーにプレイステーションという同じ屋根の下に入ってもらい、面白いゲームを創ってもらえるかが生命線なのだ。

そのため「クリエイター・ファースト」や「サードパーティー・ファースト」というメッセージは、特にデベロッパーやクリエイターの皆さんに集まってもらうイベントなどでは繰り返し発信し続けてきた。

これはSCE全体の戦略に関わることなので、アメリカの現地法人であるSCEAだけではできることとできないことがあるが、SCEAとして何ができるかは、しっかりと伝えなければならないと考えていた。

収益の分配だけでなく、お客さんがどんなゲームを求めているか、我々がプレイステーションで築こうとしている世界観はどんなものか。それらを踏まえて彼ら彼女らにゲーム創りのクリエイティビティを発揮してもらうためのメカニズムを作らなければ、この市場では戦えない。

その意味で気をつけたのが、エクスクルーシブ（独占）契約だった。プレイステーションだけにゲームを創ってもらうためにはデベロッパーに相応のエクスクルーシブ・フィーを支払うことになる。エクスクルーシブ契約によって「これは」という人気作を楽しめるのがプレイステーションだけということになれば、ハードの売り上げ増に直結するため、我々にとっても重要な判断となる。

ただし、そこには落とし穴がある。

あるデベロッパーとエクスクルーシブ契約を結ぶとしよう。その会社の経営者はハッピーだろう。SCEからの安定した収益が約束されるからだ。だが、その会社で働くクリエイターはどう受け取るだろうか。会社が儲かることは良いことかもしれないが、彼ら彼女らは自分たちが創ったゲームを、様々なゲーム機で、なるべく多くの人たちにプレイしてほしいと思うものだ。ちょうど、アーティストが自分たちの曲をなるべく多くの人たちに聴いてほしいと思うように。

だから、面白いゲームを囲い込もうとエクスクルーシブ契約ばかりを安易に乱発してしまうと、次第にクリエイターたちにそっぽを向かれてしまう――。そうなっては元も子もない。

アンディたちとも、よくこんなことを議論した。

量は追わない

クリエイターたちは何を求めているのか。そのためにSCEAは何ができるのか。なるべく取引先のデベロッパーのクリエイターたちに「あなたをサポートするために、このような契約にしたい。そのために我々としてはこんなことができる」と伝えるようにしてきたつもりだ。もちろん、できないことはできないと正直に言うことも大切だ。

もうひとつ、我々にとって重要な判断となったのが、「量より質」の路線をハッキリとさせることだ。これは久夛良木さんが率いる東京のSCE本社とは、明確に戦略が違った。

端的に言えば東京は「ゲームのラインナップは多ければ多いほど良い」という「面」を取りにいく方針だった。なんといってもSCEはゲーム市場に参入したばかりの後発組。当時、日本のゲーム市場に向けたキャッチコピーは「全てのゲームは、ここに集まる」というもので、ユーザーにとってもゲームの選択肢が広がるのは大歓迎である。

一方、つまらないゲームを手にしてがっかりされては元も子もないというのが、我々の考えだった。もちろん最終的にどんなゲームが受け入れられるかで日米のユーザーの好みの違いはあると思う。ただ、続々とデベロッパーが作ってくるゲームの中には「これはちょっと……」というレベルのものが交ざっていたことも事実だ。

我々はたとえ技術的にSCEの基準をクリアしていても、内容的につまらないと我々自身が判断したゲームに関しては許可しない方針を貫いた。こうなるとデベロッパーから、「東京のSCE本社は許可しているのに、なぜアメリカはダメなんだ」と抗議を受けるケースも多発した。多かったのは日本のデベロッパーからの抗議だった。すると東京のSCE本社からもクレームを受ける。「また平井たちがNGを出しているそうだが」と。

これには日米の売り場事情の違いもある。日本では巨大な家電量販店やパソコンショップで大きなスペースを割いてもらいやすい。それに加えて当時の日本にはまだファミコン時代にできた街の小さなゲームショップもたくさん存在していた。

これに対してアメリカでは日本ほど大きな家電量販店というのはほとんど存在しない。

ベストバイくらいだろうか。あとはウォルマートやターゲット、シアーズといった家電から生活用品、生鮮食品も扱っている大型ディスカウント店などで売ってもらうしかない。当時はまだ、アマゾンはゲームなど扱っていなかった。

どうしてもゲームを並べる売り場の面積が限られるのだ。そこに玉石混交ではユーザーも戸惑うだろう。

どのゲームにアプルーバル（許可）を出すべきか、ＳＣＥＡのマネジメントチームを交えてとことん議論した。

成長した「子供バンド」

こうしてアメリカでもプレイステーションのビジネスは軌道に乗ってきたのだが、東京にいる久夛良木さんからはよく「おまえたちは子供バンドだな」と言われたものだ。本当うじきつよしさんの「子供ばんど」をもじった冗談だったと言いたいところだが、本当にそう見えてしまっていたのだろう。我々がフォスターシティに集まった頃、私とジャックは35歳でアンディは31歳。私より10歳上で、すでにプレイステーション開発やＳＣ

（左から）筆者とアンディ、久夛良木さん

E発足という大仕事をやってのけていた久夛良木さんから見れば、確かに「子供バンド」だったのだろう。実際、1996年に丸山さんからSCEAのEVP兼COOを任された直後は五里霧中という言葉がピッタリなくらい、暗いトンネルの中でもがいていたというのが正直なところだ。

そんな扱いが少しずつ変わってきたなと感じたのが1998年あたりのことだ。この年、SCEは記録的な利益を計上した。翌1999年4月に98年度の決算がまとまると、SCEのゲーム部門は1365億円の営業利益をたたき出した。前年度と比べて約17％の増益。もちろんSCEAも利益を出して貢献している。この時、ようやくSCEの正式会員になれたような気がした。

ソニー全体で見ると、「本流」のエレクトロニクスは約59％減の１２９８億円。誰もがソニーの大黒柱と考えていたエレクトロニクスを、ついにゲームが抜き去ったのだった。

当時のソニー社長だった出井伸之さんはアナリストに対してはよく「ゲームもエレクトロニクス部門だ」と話されていたそうだが、我々としては「ゲームはゲーム。プレイステーションはプレイステーション」だ。

決算が報告された後の6月か7月に、東京に全世界から幹部が集まるマネジメント・ミーティングが開かれることになっていた。私は一緒に参加する米国人幹部たちに「いいか。こういう時こそ偉そうなことは言っちゃダメだぞ」とくぎを刺していた。成果は数字で示せばよい。調子に乗って余計な反感を買う必要はない。

「トラックが通れるような穴は作るな」

私はよく、こんな風に伝える。「実るほど頭（こうべ）を垂れる稲穂かな」という言葉があるが、トラックが通れるほどの穴をあけてしまうとそれより小さなクルマがどんどん通って、道ができてしまう。たとえ、そこに道を作りたくなくても。つまり、安易にスキを作らず守りを固めようということだ。

ものごとが順調に進んでいる時ほどそういうものだ。好事魔多しとはよく言うが、良い時にこそ失敗のわなが潜んでいることに気づかない。
そしてこの後、我々はそれを思い知ることになる。

第3章

「ソニーを潰す気か！」

ソニー・コンピュータエンタテインメント（SCE、現ソニー・インタラクティブエンタテインメント）として記録的な利益を出し、東京でのマネジメント・ミーティングにも仲間には「偉そうなことは言うなよ」と言いつつ、正直なところ意気揚々と乗り込んだことは否定しない。

私だけの力ではないが、あれだけバラバラだった組織をなんとかまとめ上げ、チームとして成果も上がってきたのだから、私なりに達成感があったことは事実だ。ようやく五里霧中を抜けたかなという手応えを感じていた。

東京にいるSCE社長の久夛良木健さんから妙な電話がかかってきたのは、ちょうどそんな頃だった。

「SCEには海外赴任者というのはいないんだ。君はソニーミュージックからの出向なのにその上、アメリカに赴任しているというのはどういうことだ。ちょっと、けしからんな」

退路を断つ

ソニーミュージックのニューヨーク駐在員として派遣された私が、ひょんなことからSCEAの仕事を手伝うようになり、そのままソニー・コンピュータエンタテインメント・アメリカ（SCEA）がある西海岸のフォスターシティに転じてしまったのは、すでに述べた通りだ。

私をプレイステーションのビジネスに引き込んだ丸山茂雄さんからSCEAの社長を打診された際には「仮免許扱いで」と言って、EVP（エグゼクティブ・バイス・プレジデント）兼COO（最高執行責任者）に就いていた。それでも確かに本籍は、まだソニーミュージックのままだった。これまで誰からも指摘されていなかったことなのだが、どういう風の吹き回しか、久夛良木さんが突然これをリマインドしてきた。

しかも、久夛良木さんは「大賀さんがそう言っているから」と言う。大賀さんはこの時、ソニーの会長だ。つまり、ソニーグループ全体の最高実力者である。フォスターシティにいる私の扱いが駐在員なのか出向なのかなどというささいなことに関心があるとは、にわかには信じがたい。

おそらく久夛良木さんに何か考えがあってのことだろう。そう言われてみれば、私も自分の立場には違和感を覚えていたことは事実だ。

SCEAのマネジメント体制を整えて、バラバラだった組織をなんとかまとめ上げはした。プレイステーションが記録的な利益を出したことは前述したが、これはゲーム機の販売もさることながら、ソフトでの収益が牽引している。「ソフト重視」の我々の戦略も当然、大きく貢献していた。暗いトンネルを抜けてチームの誰もが実感できる成果を上げたのだ。こうなってくればチームはますます一体感を持つようになる。

ただ、実質的にチームのトップだった私がソニーミュージックからの出向者というのは、確かに問題がないといえば嘘になる。プレイステーション事業もSCEAもうまく回っているうちは大して問題はないかもしれない。だが、もしひとたびつまずくようなことがあったら、どうだろう。

SCEAとして最終判断を下し、責任を持つ立場にあるのは私である。だが、その私は出向者だ。

チームのメンバーは口にこそ出さないが「もし失敗したら我々はクビになる。でも、カズは出向の立場だからどうせまたニューヨークか東京に帰るだけでしょ」と考えてしまうのが、人間というものではないか。

もはや「仮免許」でもない。

ここで退路を断てないようではリーダーの資格がないと覚悟を決めた。正確に言えば、自分の中ではすでに退路を断っているつもりだった。この頃には、もはやソニーミュージックに帰る選択肢はないと思っていたからだ。だが、社員たちはそう思ってはくれない。自ら行動に移して社員たちにも分かるように決意を示さなければならない。

こうして私はソニーミュージックを退社して転籍することにした。SCEに転籍したのではない。SCEAに転籍した。これで失敗したら私もクビである。

転籍したことで急に何かが変わったかといえば、目に見えて変わったことは、特にない。昨日までと同じようにフォスターシティの職場に向かい、同じように仕事に取り組む。転籍になったからといって現地のメンバーに改めて拍手喝采で迎えられたわけではない。

ただ、私の意図は確実に伝わったと思う。「SCEAのカズ」になってから、ますますチームとしての一体感を感じられるようになり、本当の意味でチームの一員になれたという実感が得られた。

よく現地の社員が東京のSCE本社のことを指して「本社のやつらは……」なんて言

っていたが、気づけば私も「本社のやつらはさぁ」という言葉を使うようになっていた。そして私は1999年4月にSCEAの社長兼COOに就任した。3年間の仮免許から卒業したのだった。

オートパイロット

ここから先は良くも悪くも順調な毎日が過ぎていった。プレイステーションはゲーム機として初めて累計販売台数が1億台を超える大ヒットとなったのだが、2000年に発売したプレイステーション 2はさらに輪をかけて飛ぶように売れていった。結局、累計で1億5000万台を突破し、本書執筆時点で歴史上で最も売れたゲーム機となっている。ちなみに累計1億台を超えるゲーム機はこれまでのところ、初代と2代目のプレイステーション、そしてプレイステーション 4だけだ。

SCEとしてはまさに飛ぶ鳥を落とす勢いである。「いっそのことSCEがソニーを買収したらどうだ」なんて鼻息の荒い話まで聞こえてくる。

そんな中で、なぜ「良くも悪くも」なのかといえば、この頃になるとSCEAはチームの体制が固まり、すっかり自走する組織になっていたことに、個人的に少し物足りなさを感じていたからだ。

チームとして結果を残しているので、私が指示を出す前に「カズならこう考えるだろう」と皆が察して事前に動いてくれる。チームメンバーたちがプロとしての働きをしてくれるので、任せてしまって問題はない。

まさに組織としては理想の形である。そういう組織を作らないといけないと考え、そのために色々な手を打ってきたつもりだ。ただ、いざチームがうまく機能し始めると、リーダーとしてはちょっと物足りなくなってしまうのだ。ぜいたくな悩みと言ってしまえばそれまでなのだが……。

私はよく、こういう状態を飛行機のコンピュータ制御飛行に例えて「オートパイロット状態」という。この時のSCEAはまさにオートパイロット。プレイステーション2は作れば作るほど売れ、セールスチームの仕事が「次回はいつまでに出荷できますので、それまでお待ちください」と販売店におわびして回ることになっていた時期もあった。ゲーム・クリエイターを抱える外部のデベロッパーとの連携も問題なく進んでいる。

SCEAは、社長である私が少しくらい操縦桿を手放していても正確に航路を進むオートパイロット状態に入っていたのだ。

こんな状態がその後、数年間は続いた。経営者としては望ましいことかもしれない。しかし、どこかで変化を求める自分が存在することを、感じざるを得ない日々だった。

ソニーの苦境

この間、ソニーを取り巻く環境は大きく変化していた。

売上高の6割超を占めたエレクトロニクス部門の低迷が徐々に鮮明になり、営業利益と純利益とも1997年度をピークにじわじわと減り始めた。ピーク時に5000億円を超えていた営業利益は2003年度には1000億円を割り込んだ。

ソニーはアナログの時代の家電で、間違いなく世界の頂点に位置していたと思う。世界最小・最軽量といった世間をあっと言わせる製品を世に送り出すことで急成長していった。

余談になるが実は私自身も子供の頃からソニー製品の大ファンだったので、ひとりのユーザーの視点からそのすごさを実感していた。銀行員だった父もソニーのファンだったようで、私が幼い頃から家にはソニーの製品があふれていた。特に思い出に残るのは、画面サイズが5インチの超小型のマイクロテレビ「TV5―303」だ。なんと手の平に乗せて持ち運べるテレビが、私がまだ生まれたばかりの1962年に発売されていた。

「どうやったら、こんなちっちゃな画面にテレビが映るの？」

子供心ながらに感動したことを今でも覚えている。ちなみに私はソニーの社長に就任してしばらくたつと、グループが目指すべき方向として「KANDO」を掲げた。人の心に感動を届けられる製品やサービスこそ、ソニーが生み出すべきものだという意味だ。

今考えても、この5インチテレビは、まさにKANDOそのものだった。ソニーの歴史に残る傑作と言ってもいいだろう。

「TV5」の一つ前のモデルである8インチの「TV8―301」は、ソニー初のテレビである。大出力のトランジスタを使ってのテレビ開発は共同創業者である井深大さんが「正月に見た夢だ」と語りながら取り組んだのだという。

こうして生まれた小さなテレビの試作機をアメリカから来たあるテレビメーカーの市場調査員に見せると「失敗するだろう」と言われたが、結果は大成功だった。

井深さんは市場調査ばかりして製品を作るのではなく、自ら市場を作り出す「マーケット・クリエーション」を信念に次々と新しいものを作り続けていった。ユーザーの声を無視しろというわけではない。ユーザーの期待値を圧倒的に超えるものを、ユーザーが想像さえしないような新しいものを、創り出せという意味だ。

こうして生まれた「TV8」の後継である「TV5」が、私にとっての「ソニーの原体験」だった。ちなみにこのマイクロテレビはニューヨークで公開されると「トランジスタがテレビを変えた」のキャッチコピーとともに、全米で爆発的な人気を博したという。ソニーの歩みや半導体の歴史を語る際に、必ず登場するエピソードである。


ソニー製品への思い入れを語り始めるとページがいくらあっても足りなくなるので、本題に戻ろう。2000年代に入ると、残念ながらソニーは持てる力を発揮できなくなっていたように思う。

ただ、これは後にSCEからソニー本社の仕事を兼任するようになってから気づいたことだが、ソニーは決して力を失っていたわけではない。社員が自信を失っていたように見えたが、その裏には情熱のマグマがふつふつとたぎっていた。この当時はそのマグマが目に見える形で噴き出ることなくくすぶっていたのだ。

時代が21世紀に移り変わると、家電の世界には一気にデジタル化の波が押し寄せてきた。いわゆるデジタル家電の時代の到来である。テレビはブラウン管から液晶やプラズマに変わり、カメラはフィルムカメラからデジタルカメラに、ビデオも磁気テープから

DVDやブルーレイへと変わっていった。

ソニーも例えばテレビでWEGA（ベガ）からBRAVIA（ブラビア）にブランド名を変えたように、デジタル家電の波頭を捉えようとしたのだが、新たに台頭してきたサムスンなど韓国勢を前に激しい競争にさらされていった。待ち受けていたのは激しいコモディティ化の波であり、それは激しい値下げ競争を意味していた。

ソニーの低迷を印象づけてしまったのが2003年4月24日に起きた、いわゆる「ソニーショック」だろう。この日、ソニーは2002年度の通期決算を発表した。他の電機大手の業績が低迷する中、ソニーは前年度と比べて営業利益が約38％増の1854億円となった。それほど悲観視するような内容ではなかったように思うが、ソニー自身が示していた営業利益の見通しと比べて1000億円も下回る結果となったことから、売りが集中して2営業日連続でストップ安となった。連鎖的に日本株全体が売られて日経平均株価がバブル後で最安値となったことからソニーショックというありがたくない呼ばれ方をしてしまった。

これはどちらかと言えば「市場との対話」の問題だと思うが、デジタル家電で他社との違いを見せつけるような際立った商品を、なかなか生み出せないでいたこともまた事実だろう。私が子供ながらに感じたような「やっぱりソニーは違うなぁ」というものが出てこない。お客様や市場からの高い期待値に応えられていたかといえば、残念ながらそうではない。

いつの時代も「ソニーらしい商品」、それを使う人たちに感動を与えられるようなものを求められるのはソニーの宿命なのかもしれない。「今のソニーはその期待に応えていないじゃないか」。そんな厳しい視線を向けられるようになっていたことが、ソニーショックの遠因となったのではないだろうか。

新たなライバル

そして、ソニーのライバルは韓国勢だけではなかった。「ウォークマンのソニー」のお株を奪うイノベーションが、アメリカからやってきたのだ。アップルが2001年に発売した音楽プレーヤーの「iPod」だ。アップルはコンテンツを配信するプラットフォーマーへと変貌を遂げ、その後2007年にiPhoneを発売して現在の形となっていく。

アップルCEOだったスティーブ・ジョブズ氏は「電話を再発明する」と言ってiP

ｈｏｎｅをお披露目した日、アップル・コンピュータの社名から「コンピュータ」を除いている。もはやパソコンを売っていたアップルのビジネスは過去のものだと宣言したのである。音楽配信のｉＴｕｎｅｓから始まったアップルのプラットフォーマー型ビジネスは、無数のアプリを生み出すエコシステムを築くに至った。

よく「ソニーはなぜｉＰｏｄを生み出せなかったのか」という趣旨の批判を受けた。当時、ソニーのＣＥＯだった出井伸之さんは早くから「インターネットはビジネス界に落ちた隕石だ」と、デジタル時代の到来を繰り返し唱えられていたことを覚えている。「デジタル・ドリーム・キッズ」というフレーズが有名になったが、アナログからデジタルに急速に変化する時代のうねりをいち早く察知されていたはずだ。

実際、ソニーはアップルに先駆けて１９９９年にインターネットによる音楽配信を見すえた「メモリースティック ウォークマン」を発表している。新たなイノベーションの到来を予見していた出井さんは著書『迷いと決断』の中で、それでもアップルの台頭を許したことは「悔しい限り」と回想されているが、ハードとソフトの両方で一気呵成に革新的なサービスを打ち出してきたジョブズ氏が見事と言うほかない。

ちなみに、私も音楽業界の出身なのでｉＴｕｎｅｓの登場には注目していたが、どちらかといえばいち早くアメリカに出現したナップスターの方が脅威だと感じていた。データを共有するファイルを使って著作権を無視した形で音楽がダウンロードされていった。結局、ナップスターは業界団体から訴訟されて敗訴している。

一方で、日本では「音楽業界の黒船」のようにメディアに取り上げられたｉＴｕｎｅｓは、課金モデルである。むしろナップスターが散々荒らしていった市場に秩序をもたらしてくれる存在だと捉えていた。

鬼才・久夛良木健

ここまでソニーの大黒柱であるエレクトロニクス部門の不振について述べてきた。ＳＣＥＡでオートパイロット状態の経営にあった私にとってはどこか対岸の火事のように思えていたが、そうも言っていられない事態が起きつつあった。

きっかけは２００６年11月に発売したプレイステーション３だった。そこには私の上司にあたり「プレイステーションの父」である久夛良木健さんが描いた壮大な構想が詰め込まれていた。久夛良木さんの思いが込められた半導体の「Cell Broadband Engine（Ｃｅｌｌ）」だ。Ｃｅｌｌは２０００年代前半にソニー、東芝、ＩＢＭの３社連合で開発を進めていた次世代型半導体だ。

圧倒的な能力をまずはプレイステーション3につぎ込み、テレビなどの家電に広げていく。そして最後はソニーのデジタルシフトを実現する——。

半導体の研究者だった久夛良木さんの野望を結集させた大構想へと、SCEは突き進んでいく。それも、ソニーグループ全体を巻き込みながら。今でも野心的なプロジェクトと言えると思う。その意気はいかにもソニーらしくて「NO」とは言いたくない。だが、もし私が当時のソニーCEOなら絶対に「NO」と言っただろう。

そこで我々を待っていたのは、それまでのプレイステーション2の快進撃が嘘だったかのような、苦難の連続だった。そして私は2度目の経営再建に乗り出すことになる。オートパイロットの経営がどこか物足りないなどとは言っていられない状態に、SCEは陥ってしまっていた。私は再び試練に直面することになるのだが、この時の経験もまた、今振り返れば経営者としては欠かせない糧となった。

その前に少し、久夛良木さんのことについて触れたい。私はこの本でも久夛良木さんのことを「鬼才」と表現したが、まさにこの言葉の通りの人だと思う。久夛良木さんとはどんな人物か。そう問われれば、私はこう答える。

「研究者、アントレプレナー、プロダクトプランナー、経営者、マーケッター、クリエイター……。その全部を兼ね備えた人。そのすべての仕事に徹底的にこだわりを持つ人。単なるこだわりではなく、どの角度から見てもパーフェクトを追求する人」

こんな人はなかなかお目にかかれないと言い切れる。それはもう、頑固なまでに自分の理想やビジョンを追い続ける。その執念のすさまじさ、そのエネルギーのすごさといったら他に例を挙げろと言われても難しい。

例えば、「PlayStation」やPS2のロゴの「P」の字の形ひとつをとっても、何度デザイナーたちに突き返したことだろうかと思えるが、一般の人の目に触れるロゴなら理解もできる。驚いたのが、プレイステーション 3のボディー内部のデザインだ。機械の内部なのでユーザーの目に触れることはない。

ボディーの蓋をはがすと「Sony Computer Entertainment Inc.」という社名が入っているのだが、久夛良木さんはこのデザインを何度突き返して完成させていったことか。

それだけならまだしも、冷却ファンのデザインひとつとっても納得するまでやり直させるのだ。久夛良木さんの美学に合格するまで、何度でも――。決してユーザーの目に触れることがない部分のデザインでも、絶対に手を抜かないのだ。設計者たちはたまったものじゃないだろうが、久夛良木さんは妥協を許さない。

ソニーについて語り継がれる物語として、ポータブルオーディオやハンディカムの開発秘話がある。水を張ったバケツに試作機を入れるとブクブクと泡が出てくる。それを見て「まだ余分なスペースがあるじゃないか！」と限界まで小型化にこだわり抜いたという話だ。久夛良木さんの執念には、この話を思い起こさせるものがあった。ここまでやり抜かなければ世間の常識を変えるような商品は生まれないのか、と思わされた。

ここまでの逸話でも十分にすごいと思えるのだが、ついでに言うと、私が久夛良木さんの徹底ぶりに驚いたエピソードがある。それは東京・青山のSCE本社の自動販売機だった。各フロアの設置スペースにいざ自販機を置いてみるとどういう理由か定かではないが、自販機がすっぽり収まるだけの十分なスペースが取られていなかった。奥行きが足りず、実際に自販機を置くと少しだけ前面がはみ出てしまう。

自販機を置くのは、各フロアの隅っこのスペースである。そこで少しくらいはみ出ようが誰も気に留めない。だが、久夛良木さんはこれに怒ってしまった。社員にクリエイティビティを発揮してもらうための場所であるオフィスにあって、はみ出た自販機の存在は久夛良木さんの美意識が許さないのだ。そんなものがそこにあることは絶対に認められないのだという。結局、メーカーにお願いして奥行きの寸法が小さい自販機を特注で作り直してもらったという。冗談のような話だが、とにかく一事が万事、そこまで徹底してこだわり抜くのが久夛良木さんだった。誰もが「まあ、いいか」と思うようなほんの少しの違和感を、決して見過ごさないのだ。

万事がこんな感じである。部下としてはなかなか大変だが、そのエネルギーとパッションは誰もが認めるところだ。私はよく「久夛良木さんは朝令暮改ではなく〝朝令朝改〟だ」と言っていたが、まさにその通りで、気づいたことがあれば躊躇（ちゅうちょ）なく見直しやアップデートを求めてくる。

初代プレイステーションが生まれる前に、ゲーム参入に疑念の目が注がれる中で、丸山茂雄さんが久夛良木さんをかくまったことはすでに述べた。丸山さんは出身母体のソニーミュージックの副社長となったが、同時に久夛良木さんが立ち上げたＳＣＥの副社長を兼ねることになった。

その丸山さんがよくおっしゃっていたのが「クタちゃんはマライア・キャリーみたいなもんだ」ということだった。周囲の目にはとにかくこだわりが強くて扱いにくく映るのだが、とんでもない才能を秘めるアーティスト。それが久夛良木健という人だという意味だが、なるほど言い得て妙だ。

私も丸山さんと同様に音楽業界の出身なので、よく理解できる。久夛良木さんという鬼才がいなければプレイステーションが世に出ることもなかったし、その後の大成功もありえなかっただろう。だが、それだけではない。

さながら音楽の世界のようにアーティストを演出する敏腕マネジャーの役を買って出た丸山さんとのコンビはある意味、奇跡のような組み合わせだったのではないだろうか。

ちなみにソニーのCEOになったハワード・ストリンガーさんは久夛良木さんを評して「ソニーのスピルバーグ」と語っていたが、こちらもなるほどと思わされる。他の誰かが思いつかないようなことを日々考え抜き、とことんまでのこだわりを持って自らの頭の中に描いた理想を形にしていくのである。

Ｃｅｌｌの野望

その久夛良木さんが次世代のプレイステーションに向けて打ち出したのがＣｅｌｌ構想だった。

ここでは技術的な詳細には立ち入らないが、複数の演算コアをひとつのチップに搭載したマルチコアＣＰＵの原型といわれるもので、久夛良木さんに言わせれば、これを搭載した新型ゲーム機、つまりプレイステーション３は「家庭のスーパーコンピュータ」

ともいえる圧倒的な性能を誇るマシンということだった。

前述の通り、ソニー、ＩＢＭ、東芝の3社が組んで開発したＣｅｌｌをプレイステーション　3だけでなく様々な家電や科学技術計算用のスーパーコンピュータに搭載するという大構想に向けて動き始めていた。事実、Ｃｅｌｌの上位バージョンであるプロセッサを多数組み込んだスーパーコンピュータをその後ＩＢＭが開発し、2年間にわたって世界のトップランキングを獲得している。２００3年には久夛良木さんがＳＣＥ社長とソニーの副社長を兼任するようになり、Ｃｅｌｌの量産に向けて２０００億円の投資を決めた。

長らく元気のなかったソニーにとっては久々に持ち上がった野心的なプロジェクトであり、それはとりもなおさず停滞するソニーの巻き返しに向けた大勝負と言えた。

ＳＣＥではプレイステーション　2の快進撃が続く一方で、Ｃｅｌｌを搭載するプレイステーション　3の開発が着々と進んでいた。陣頭指揮を執るのはもちろん社長の久夛良木さんだ。ただ、久夛良木さんはソニー副社長の重責も担う。

久夛良木さんは度々、「おまえたち子供バンドだけじゃなくて、ソニーの本社の方もやらないといけなくなっちゃったから大変なんだよなぁ」と冗談めかして話すことはあったが、特にSCEA社長である私との役割分担が大きく変わることはなかった。ただ、Cellとプレイステーション3の市場投入がいよいよ近づいてきた2006年、出井伸之さんからソニーの会長兼CEOを引き継いだハワード・ストリンガーさんからは度々「東京に来て久夛良木さんを助けてもらえないか」という打診を受けるようになった。久夛良木さんからも同じように東京に来てほしいと言われていた。ただ、これにはハッキリと「NO」と答えていた。

この時点でソニーミュージックからニューヨークに派遣されてから10年以上がたつ。二人の子供もすっかりアメリカの生活になじんでいた。子供たちとの会話も英語だ。そもそも私は前述した通り、日本のSCEではなくSCEAに転籍したのだ。アメリカの永住権も取得していたし、いまさらどこか他の国に移り住むことは考えていなかった。

だからこそ、ハワードと久夛良木さんには「最後までアメリカでやらせてほしい」と答えていた。ハワードからは久夛良木さんの後任としてSCEの社長兼COOに、という話だった。言うまでもなくSCEはソニーグループの中でも中核的な会社に育っていたが、それでも特にSCE社長というポジション自体には関心がなく、それならむしろソニーを辞めて他の業界にチャレンジしてみるのもいいかもと考えたこともあるほど、アメリカに骨をうずめる覚悟だった。

しかし、プレイステーション 3の発売が迫ってくると、そうも言っていられない事態が起きつつあった。

目の前にある危機

プレイステーション 3は2006年11月に発売する予定だったが、この年の5月に発売に先立ち価格を税込みで6万2790円にすると公表していた（ハードディスク容量20ギガのモデル）。Cellを搭載し、当時は最先端だったブルーレイにも対応する。それでもゲーム機としては高すぎるという批判の声を多くいただいていた。

久夛良木さんはメディアに対しては「プレイステーション 3はゲーム機でも家電でもパソコンでもない。家庭用のスーパーコンピュータともいえるものだ」と主張していた。確かにCellをはじめとして当時としては革新的な技術をこれでもかと注ぎ込んだ機械である。それでもプレイステーション 2の発売時と比べ2万円以上も高く、なかなか批判の声がやむことはなかった。

結局、プレイステーション 3は発売直前の9月に値下げを発表するという異例の事

プレイステーション 3を発表する久夛良木さん（2005年5月16日）

態に追い込まれた。日本では4万9980円で販売することとなった。これは苦渋の選択で、1台売るごとに赤字が積み重なっていく計算だった。

さらに、大きな問題がもうひとつあった。内蔵していたブルーレイの読み出し部品の生産歩留まりが上がらず、一部の地域では発売を延期することになったのだ。ただでさえコストがかさむのに、これでは量産の効果も得られない。

絶好調だったプレイステーション 2からは一転して、危機が迫っていることは明らかだった。ソニー本体のトップであるハワードから、その立て直しを求められているのである。「やりもせずにこの大役を引き受けないというのも違うな」と考えを改めることになった。

ただ、ＳＣＥの社長となると東京に生活の拠点を置かなければならなくなる。そこで、プロローグでも触れた通り家族会議で決めようと思ったが、すでに中学生になっていた娘からは「What's your point? それがどうしたの？」と、一笑に付されて単身赴任で東京に赴くことになった。

実はこの時、ハワードにはひとつ条件を出していた。それは毎月、１週間はフォスターシティの自宅で過ごしていいか、ということだった。ハワード自身もニューヨークの自宅にたびたび帰る生活を送っていたので快諾してもらったが、東京での仕事が始まると1週間まるまるアメリカに帰って家族とゆっくり過ごせるということはなかった。どうしてもスケジュールが詰まってきてすぐに東京に戻ったり、世界の他の地域に出張したりしないといけなくなったからだ。

こうしてソニー・コンピュータエンタテインメント本社（ＳＣＥＩ、現ソニー・インタラクティブエンタテインメント）社長兼ＣＯＯに就任したのが２００６年12月のことだ。実際に東京に単身赴任したのは２００７年の年明けからだったが、それから半年もたたない２００７年６月に突然、久夛良木さんがＳＣＥ会長兼ＣＥＯから退任し、ＣＥＯも私が引き継ぐこととなった。久夛良木さん自身が４月末に開かれたソニーの取締役会で突然、辞任を表明したそうだが、事前に知らされていたのはハワードら一部の取締役だけだったという。私も知らないことが多いので、ここで久夛良木さんの突然の退任の顚末について述べるのは避ける。

印象的だったのが、久夛良木さんが退任の際に私に話したことだ。

「これから10年間のロードマップは作っておいたから」

プレイステーションという新たなプラットフォームを立ち上げ、映画や音楽まで扱えるプラットフォームとして最終的にはソニーのデジタルシフトを実現するという壮大な構想が描かれていた。

「最先端のコンピュータテクノロジーとネットワークで、まだ誰も見たことのない、映画や音楽とも並び称されるような新たなエンタテインメントドメインを創り出す」

久夛良木さんは当時、雑誌などのインタビューでよくこんな表現を使っていた。まさに誰も考えつかないような痛快なストーリーと言えるだろう。

ただ、久夛良木さんの後任として私が取り組まなければならなかったのは理想を継承するために「今、目の前にある危機」へ対応することだった。まずは出足でつまずいたプレイステーション3の立て直し。そしてその後は、久夛良木さんが描いた10年計画を、新たなアプローチで形にすることになるのだった。

ＳＣＥへの逆風

「おまえたちはソニーを潰す気か」

久夛良木さんの退任が発表される前か後かは忘れたが、２００６年度の決算がまとまった頃に、ソニーの幹部から電話がかかってきてこう言われた。

もっともなご意見である。また、ハワードからはこう言われたこともあった。

「You guys are taking the ship down（ＰＳ３でソニー丸が沈んでしまうぞ）」

この時は液晶テレビの「ブラビア」が販売好調で、不振続きだったエレクトロニクス部門にようやく明るさが見えてきたタイミングだった。そんな折に、それまでソニーの業績を牽引していたＳＣＥが、プレイステーション３の立ち上げの失敗で２３００億円もの赤字となってしまった。

エレクトロニクス部門の回復基調は盤石とは言えず、ここでゲーム事業が坂道を転げるように赤字を出し続けてしまってはソニーの屋台骨が揺らぎかねない。ＳＣＥはすでにソニー全体にとってそれほど大きな影響力を持つ存在になっていたし、ソニー幹部の叱咤は、そんな現実をもう一度自覚せよという意味だ。

他にもグループ内からは色々な声が聞こえてきた。

「10年分の黒字を吹き飛ばしたな」

「あんな奴らが経営しているからダメなんだ」

グループ内でのSCEへの風当たりは、それはもう、すごいものだった。1998年度に記録的な利益を出した時には、SCEAの社員たちに「トラックが通れるような穴は作るな」と言って、良い時ほど隙を作らず守りを固めようと戒めてきたつもりだったが、やはり、やんちゃな体質のSCEには反感を持っていた人も多かったようだ。2300億円の赤字を出してグループの足を引っ張ったこの時は、そのことを痛感した。

実際、「SCEの連中は言うことを聞かない」という批判は、アメリカにいた私の耳にもよく入っていた。心当たりもある。

例えば、ある米大手小売店がプレイステーションの仕入れに際して支払いの期間延長を申し入れてきたことがあった。我々SCEAはこれを受け入れず、出荷停止にしてしまった。するとエレクトロニクス部門のセールス担当から「なぜ出荷停止にするんだ！」とクレームが入った。エレクトロニクス部門もテレビやビデオカメラをその小売店で売ってもらっている。プレイステーションを出荷停止にされてしまうと、同じソニーグループの彼らが困ると言うのだが、我々は何を言われても約束通りに支払いがなされない限りは出荷停止を続けると言い張った。

その他にもプレイステーションとセットで家電を売ろうといったセールス・キャンペーンが持ち込まれることも多かったが、プレイステーションにとってメリットのないものはことごとく却下していった。こういうことが積み重なると「ＳＣＥの連中はプレステが売れるのを良いことに、ちっとも我々に協力しようとしない。けしからん奴らだ」と言われてしまう。

しかし、譲れないものは譲れない。やはり会社にとってメリットがないことや、間違いだと思ったことに対しては毅然と「ＮＯ」を貫くべきだと考えていた。

そんな積もり積もった負の感情が２３００億円の赤字でどっと表に噴き出てきたのだ。ただし、批判もごもっともである。看過できない状況にあることは確かだった。いや、ＳＣＥの存亡の危機と言っていいだろう。

どうやら私はこういった逆風にさらされている時ほど「やってやるぞ」という闘志がわいてくる性格のようだ。後にソニーの社長を引き受けた時もそうだが、会社の状態が良くないことは最初から分かっている。それを承知で選んだことなので迷いはなかった。

原点に立ち戻る

では、何から手を付けるべきか。

これはSCEAの時と同じだった。まずは会社が置かれている状況を詳しく知ることから始めるのだ。そのためには社員の話を聞いて、社員たちが会社に対して、そしてプレイステーション 3に対して何を思っているのかを知る必要がある。そこからやるべきことを抽出していくのだ。

SCEAの時は涙を流す社員もいて「俺はセラピストか」と思ったほどだったが、さすがに1万人もの社員がいるSCEでは、一人ひとりの声を聞いて回ることはできない。まずは部長レベルの人たちを5人から10人ほど集めてのランチ会を頻繁に開き、彼らの声に耳を傾けることから始めた。

「今、プレイステーション 3には何が求められているのか」

「SCEが目指すべき成功の形は何か」

「それを達成するためには、どんな問題が存在し、どう対処すべきなのか」

こんな作業を繰り返すうちにいくつかのテーマが見えてきた。その中でも最初にハッキリさせないといけないのは「プレイステーション 3とは何か？ SCEとはどういう会社なのか？」という根本的な部分だと考えた。

前述の通り、久夛良木さんはプレイステーション 3を「家庭用のスーパーコンピュータともいえるもの」と語っていた。久夛良木さんにはCellに対する並々ならぬ思い入れがあるし、それは否定しない。ただ、会社の戦略として見た場合、なにより実際にそれを使うお客様から見た場合、プレイステーション 3の位置づけは決して「コンピュータ」ではない。

これもミーティングで社員から問われたことだ。

「平井さんはプレイステーション 3はなんだとお考えですか？」

私の回答は明白だ。

「これはゲーム機だ。誰がなんと言ってもゲーム機だ」

当たり前に思われるかもしれないが、まずはここからのスタートだった。「プレイステーション 3は何か？ ゲーム機だ」。では「SCEは何をなすべき会社なのか？ ゲームというエンタテインメントを提供する会社だ」。決してコンピュータの会社ではないのだ。

商品と会社のポジションを明確にさせると言い換えても良いだろう。

もしプレイステーション 3が超高性能のコンピュータなら5万円でも6万円でも驚くほど安いと言えるだろう。だが、ゲーム機ならどうか。直前で値下げしたとはいえ4万9980円ではやはり、高いと言わざるを得ない。そして実際、プレイステーション3を手にするお客様にとって、それはゲーム機以外の何ものでもないのだ。

前述の通りプレイステーション 3は当初赤字だったが、さらにコストダウンして価格を下げないことにはユーザーに受け入れてもらえない。ゲームの会社としての原点に立ち戻る必要があったのだ。お客様に対しても、この素晴らしいゲーム機でゲームを楽しんでいただいて「こんな面白いことができるんだ！」と感動していただくことが、我々にとっての原点なのだ。

ゲームを提供してもらうサードパーティーやクリエイターの皆さんに対しても、我々は責任を負っている。「SCEは赤字のままプレイステーション 3を続けられるのか」と思われては、面白いゲームの開発にも二の足を踏まざるを得ないだろう。Cellを採用して高性能化を推し進めたため、ゲーム開発のコストも上がっていた。なるべく早くプレイステーション 3を世の中に広めない限りは、サードパーティーが潤う仕組みにはならないのだ。そのためには少しでも早くお客様に受け入れてもらえるような価格にして、なおかつ利益が出るようにしなければならない。

競合との関係を考えても、我々には悠長なことを言っていられるような余裕はなかった。マイクロソフトはすでに1年前に「Xbox 360」を発売して人気商品となっていたし、任天堂の「Wii」も強力なライバルだ。ここでお客様にそっぽを向かれては、SCEの存続に関わる危機を招いてしまう。いや、その危機は着実に現実のものになろうとしていた。

「このままではこの会社は潰れる」

そういう危機感を、私は本気で持っていた。

臨場感が危機感を生む

「プレイステーション 3はゲーム機だ」

私はメッセージをできるだけシンプルに伝えるように心がける。そして何度でも言い続ける。

こう決めてしまえばおのずと進むべき道が見えてくる。ゲーム機である以上、絶対に価格を下げなければならない。そのためには妥協のないコストダウンに取り組むことが、我々が真っ先になすべきことである。

やることが決まれば即実行である。

商品企画やエンジニア、資材担当がコストダウンを議論する会議には私も自ら参加した。

「臨場感が危機感を生む」

これはターンアラウンドに挑むリーダーの鉄則だと思っている。ここで「コストカットをやれ」と命令だけで終わってしまってはダメなのだ。それでは「このままでは会社は潰れる」という危機感が現場には伝わらない。これは社長が本気で取り組もうとしていることなのだと、伝える必要があるのだ。

私はエンジニアではないし調達担当の経験もないので、正直に言えば会議中には分からないことが満載だ。いつもナゾな単語が飛び交うのだが、分からなければ分からないと正直に言えばいいのだ。ここで「俺は分からないから、後は任せた」では絶対に危機感は伝わらない。

リーダーの役割は目指す方向にプロジェクトを進めることにある。知ったかぶりをすることではない。私はもともと音楽業界の出身なので、ＳＣＥＡの時も分からないことだらけだった。だから、分からないことを分からないと口に出して言うことの大切さは、すでに身に染みて知っていた。

知ったかぶりというのは、部下にはすぐに見抜かれてしまうものだ。リーダーの資質として重要なのは「だったらサポートしましょうか」と、部下たちに思ってもらうこと。「この人、知りもしないでよく偉そうなことばかり言うよな」と思われたらアウトだ。そうなると部下たちは上司を適当に丸め込もうとするかもしれないし、プロジェクトに取り組む本気度も違ってくるだろう。これは小さなことに思えるかもしれないが、大きな違いを生む要素だと、私は考えている。

「経営者はＥＱ（心の知能指数）が高い人間であれ」と、自分自身に常々言い聞かせているのも、このためだとも言える。なにも聖人君子であれというわけではない。私も欠点だらけの人間だ。ただ、仕事に取り組むリーダーとしては「ＥＱが高くあれ」と心がけているつもりだ。完成形とはとても言えないけど。

そのためにも「自分は選挙で選ばれるか」と問い掛けていることは、すでに述べた通りだ。リーダーは部下の「票」を勝ち取らなければならない。リーダーというポジションは、本質的には組織から与えられるものではないのだ。

私はよく「肩書で仕事をするな」と言う。部長になった途端に、あるいは役員になった途端に部下への接し方が変わってしまう人は、読者の皆さんの周りにもいると思う。そんな人が「票」を勝ち取れるか。答えは述べるまでもない。

これは決して精神論ではない。リーダーがどう振る舞うかで、成果がまったく違うものになってしまうのだから、結果を出すために必要なことなのだ。

1・8キロの執念

実際にコストカットのための会議に出続けると分かってくるのが、それが本当に大変な仕事だということだ。文字通り爪に火をともすような作業。基本的にコスト高の部材からリストアップしていき、それをいつまでにどうやればコストがいくら下がるのかを検討していく。その繰り返しだ。何度でも同じような検討を重ねていく。近道がないということはすぐに理解できた。

いつも議論が堂々巡りになる。それでも繰り返す——。

コストカットの第1弾として、プレイステーション 2との互換性をなくした新モデルを発表し、価格も1万円下げたが、これだけでは2万5000円のWiiには勝てない。それ以前に、まだまだ赤字は続いていた。

実際にコスト削減の検討の対象となるのは、本当に細かいことばかりだ。例えば、プレイステーション 3のカバーに入っている「PLAYSTATION 3」の文字。最初のモデルは別パーツを組み込んでいたのだが、これをシルクスクリーン印刷にすればいくら安く作れるのか。何円にもならないが、それを積み重ねていくしかない。

それでも作れば作るほど、売れば売るほど、赤字になる——。いわゆる逆ザヤの状態である。

経営者としては漆黒のトンネルの中をもがきながら前進しているような感覚だ。そのトンネルの先に光が見え始めたのは、SCEの社長に就任してから3年近くが過ぎた2009年9月になってからだった。

型番にして「CECH—2000」というシリーズで、プレイステーション 3は2万9980円にまで引き下げることができた。同じプレイステーション 3でも3年前に発売した頃より2万円も安い。実に4割の価格引き下げである。

見た目はあまり変わらないが、実は最初のプレイステーション 3は質量が5キログラムあった。CECH—2000は3・2キロ。その差は1・8キロ。もちろんコストカットというのは重さだけで測れるものではない。だが、この1・8キロにどれほどの時間を費やしただろうか。どれだけのアイデアをぶつけ合ってきただろうか。最初は「大きすぎる」と言われたが、本体の厚みも3割近く薄くできた。

社長として現場の面々とはとことん議論してきたつもりだが、実際に改善に取り組むのは現場の担当者たちだ。この1・8キロは担当者たちの執念の結晶といえるだろう。音楽業界からやって来た私にとっては、改めてソニーというグループに宿るものづくりの力を目の当たりにした3年間だった。

思えばフォスターシティから東京にやって来て最初に感じたのが、危機的な状況ながら「もうダメです」と言う人がひとりもいなかったことへの希望だった。業績的には大赤字で苦しい状況だが、話し合ってみると本当にゲームが好きな人たち、「プレイステーション」というプラットフォームが好きな人たちの集まりだなと実感することの連続だった。だからこそ、現状が大赤字でもいつかは出口にたどり着けると確信したのだ。

私はよく「まずは成功した状態をイメージせよ」と話す。その状態を実現するためには何をすべきかを逆算するのだ。この時はまず「プレイステーション 3はゲーム機だ」と明確に定義する。そして利益を出す」ということを考えた。そのために必要なコストダウンを徹底したのだが、そういった「成功のイメージ」が揺らぐことがなかったのも、社員たちの姿をできる限り間近で見ようとしたからなのではないかと思う。そこに私より優秀な人たちがいたからこそ、成功を確信できたのだ。

ちなみにプレイステーション 3の設計見直しはこの後も絶え間なく続き、最終的に本体質量は2・1キロにまで落としている。

発売から3年がたとうとしていたこの時点（2009年6月末）で、プレイステーション 3の累計出荷台数は2370万台。最終的には8740万台以上を何とか達成したが、1億5000万台超を記録したプレイステーション 2と比べれば、いかに苦難の道のりだったかが数字に表れている。

そして発売から3年半後の2010年3月、プレイステーション 3はついに逆ザヤを解消した。モノを作って利益が出るようになる、会社としては「当たり前」の状態になるまでに、3年半もの年月を要したのだった。

理想と現実のはざまで

この章の最後に、久夛良木さんが野望を託したCellという半導体についてもう一度論じておきたい。結論から言えば、私が当時のソニーグループ全体の経営を預かる立場にあったならＣｅｌｌの計画を認めなかっただろう。ある意味ではどこまでも理想を追い求めるソニーらしいプロジェクトだったと思うが、やはりリスクが大きすぎた。時代に先駆けすぎたと言えるかもしれない。

実際に、次世代型のプレイステーション４の計画はまだプレイステーション３のコストダウンにもがき続けていた２００８年に始まったのだが、私は最初からＣｅｌｌのような独自アーキテクチャの半導体は開発しないと決めていた。自社で夢の半導体に積極的に投資するのではなく、資金はソフトウエアやユーザーエクスペリエンスにつながる部分に重点的に回そうと決めていたのである。それはプレイステーション４の立ち上げの時に強く主張した。

ソニーはＣｅｌｌの生産設備を東芝に売却してしまい、プレイステーション４では米ＡＭＤのチップを採用することになった。言ってみれば、私の前任者であり偉大な「プレイステーションの父」である久夛良木さんの夢の実現に向け新たなアプローチを取ったのだ。

「最先端のコンピュータテクノロジーとネットワークで、まだ誰も見たことのない新しいエンタテインメントドメインを創り出す」という大きな夢は、その後のプレイステーション４や最新のプレイステーション５に至るまで引き継がれている。

久夛良木さんが語った理想は、他社と同じことをやっていては未来は切り拓けないというソニーらしい心意気を示したプロジェクトであるとも言えるだろう。ただ、それを実現させ、継続させるには、理想と現実のギャップを埋めるための膨大な努力と時間を要することも我々は身をもって思い知ったのである。

第4章

嵐の中で

四銃士

世の中がリーマン・ショックの激震に揺れていた2009年の2月末、私は品川にあるソニーの本社ビルに出向いた。ソニーが経営体制の変更を発表する記者会見に出席するためだった。

社長の中鉢良治さんが副会長となり、会長兼CEO（最高経営責任者）のハワード・ストリンガーさんが社長も兼務する。ハワードは2005年にCEOに就いてから4年で社長も兼ねるようになることから、英フィナンシャル・タイムズ紙は「ストリンガーがソニーを掌握した」と報じたが、この日の記者会見では、どちらかと言えばソニーの組織再編とその各部門を直接担う4人に注目が集まっていた。

組織の再編については、テレビやビデオカメラなど主力の家電製品を中心に扱うコンスーマープロダクツ&デバイスグループ（CPDG）が新設された一方、SCEが手がけるゲームビジネスやパソコンの「VAIO」などがネットワークプロダクツ&サービスグループ（NPSG）で運営されることになった。

それまでのように製品やサービスごとに役割が分かれがちだった体制と比べてやや大ぐくりなグループを作ったのは、縦割りの弊害を取り除こうというハワードの狙いが込められていた。ハワードは「ソニー・ユナイテッド」を掲げ、それまでのソニーはまるで穀物倉庫のサイロのように組織ごとに固い壁を作ってしまっていると指摘して、「サイロを破壊する」と宣言していた。ハワードにとってはソニーの改革に向けた、まさに肝煎りといえる組織改革だった。

その発表の場に私を含む4人が呼ばれた。ＣＰＤＧ担当の副社長となる吉岡浩さん。ＶＡＩＯ事業本部長だった石田佳久さんがＳＶＰ（シニア・バイス・プレジデント）兼テレビ事業本部長となって吉岡さんを支える。私はＳＣＥの社長との兼務でソニーのＥＶＰ（エグゼクティブ・バイス・プレジデント）としてＮＰＳＧを担当することとなった。そしてもう一人。鈴木国正さんが石田さんの後任としてＶＡＩＯを担当しながらＳＶＰとなって、私とともにＮＰＳＧを担当する。

簡単に言えば「吉岡・石田コンビ」のＣＰＤＧと、「平井・鈴木コンビ」のＮＰＳＧだ。

記者会見の場に我々4人を呼んで一人ずつ紹介していったハワードは、この4人を「ソニーの四銃士」と称した。たぶんその場での思いつきではないかと思うのだが、それから「四銃士」という言葉はメディアにも頻繁に使われるようになり、いつしかこの4人がハワードの後継を争う次期CEO候補だと報じられるようになっていった。あながち見当違いでもなく、ハワード自身が次第に「後継者は四銃士の中から選ぶ」と公言するようになっていた。

突然、ソニーの次期トップ候補の一人に祭り上げられた私だが、正直言ってそんなことを意識することは、まったくなかった。ソニー本体で重責を担うことになっても、まだまだSCE社長としてプレイステーション3の立て直しの途上だったことが大きい。

第3章で述べた通り、プレイステーション3のコストダウンの長い旅路は、2009年9月に発売した「CECH—2000」でようやく出口が見えてきた。四銃士と呼ばれるようになったこの当時は、まさにCECH—2000の開発が佳境に入ってきた頃だった。

そもそも次期CEOの有力候補と言われても、私にとってはまったくピンと来ない。そう思ったのは私だけではないはずだ。「四銃士」に指名された他の皆さんの顔ぶれを見れば、それは一目瞭然と言えた。

吉岡さんは当時56歳で、40代後半だった私を含む他の3人より少し上の世代。経歴を見ても携帯電話のソニー・エリクソンやオーディオ、テレビとまさにソニーの中枢を渡り歩いてきた方だった。石田さんと鈴木さんもエレクトロニクスの各部門を経験してきた人たち。「エレクトロニクスのソニー」から見れば音楽出身の私は外様のようなものだと思えた。

「まあ、自分は数合わせだろうな」

それが偽らざる本音だった。ただ、音楽とゲームを経験してきた私が曲がりなりにも次期ＣＥＯ候補の四銃士の一人と言われるのは悪い気はしなかった。私が認められたというより、何かにつけて「本社は……」と言って斜に構えることも多かったように思うエンタテインメント部門の者も、本社に認められているんだというメッセージになると考えたからだ。今ではエンタテインメント部門はソニーグループの中核を担うが、当時はそうは見られていなかったと思う。

ただ、やはり私にとっての最大のテーマは引き続きプレイステーション３の立て直しだった。今思えばハワードが掲げるソニー・ユナイテッド構想に、ＳＣＥとしてももう少し貢献できたんじゃないかと反省することはあるが、作れば作るほど赤字が出る逆ザヤの解消に向けてまだまだ予断を許さない状況が続いていた。

誤解のないよう補足すれば、もちろんソニーのＥＶＰとしてゲームを含むネットワーク部門の仕事をないがしろにしていたわけではない。そもそもリーマン・ショックの影響で日本の電機大手は軒並み業績が悪化していた。ソニーも2008年度は過去最大の営業赤字を計上する緊急事態だった。そんな状況に直面してCEO候補と言われても、どこか他人事というか、「それどころじゃない」というのが正直なところだった。

オートパイロット再び

2011年になると私の置かれた状況が急速に変化していった。嵐のような毎日の始まりだった。

この年の3月10日、つまり東日本大震災の前日に私はSCE社長との兼任でソニー副社長に就くことが決まった。かつて久夛良木健さんがそうだったようにソニーとSCEの両社の重責を担うことになったのだ。

もっとも、この頃になるとSCEは最大の懸案だったプレイステーション3の逆ザヤ問題も解消しており、ようやく反転攻勢に出ていた時期だ。次世代機のプレイステーション 4も2年後の発売に向けて、着々と開発が進められていた。

久夛良木さんの後任としてSCEの社長になった頃には予想以上に苦戦したプレイステーション 3の立ち上げで危機感が漂っていた社内にも、ようやく良い意味でのゆとりが生まれていたように見えた。次第に組織が自走し始めるのだ。それこそ望んでいた状態と言えた。

だが、私の中で再び妙な違和感が生まれていたこともまた、事実だった。そう、SCEの経営はオートパイロット状態に入っていたのだ。そういう意味では、私にとってソニー副社長を兼務するにはタイミング的にもちょうど良い時期だったのかもしれない。

ソニー副社長として私に託されたのは一般消費者向けの製品やサービス全般。つまりテレビやビデオ、デジタルカメラ、パソコン、ゲームなど。ゲームはもちろん勝手知ったる領域だが、テレビやビデオのようなエレクトロニクス部門では、私はまたしても門外漢だ。そしてエレクトロニクスの不振こそ、ソニーにとっての最大の経営課題だった。ソニーの中枢たるエレクトロニクスの再建に、門外漢がどう立ち向かうか。私が背負った使命は重い——。そう考えていた翌日の午後2時46分、社内での打ち合わせの最中に激しい揺れが襲ってきた。

この震災に関しては、日本人の誰もが今も忘れられない記憶としてそれぞれに思うところがあるだろう。私もそうだ。書き始めると止まらなくなる気がするので、震災の記憶を詳細に述べることは、ここではあえて避けたいと思う。

東北にあるソニーの工場や開発拠点もまた、被災した。津波が直撃した宮城県多賀城市の仙台テクノロジーセンターでは近隣の住民の方々も含めて約1200人が2階以上で寒さに震えながら一夜を明かしたという。

社員の奮闘やボランティアの方々のお力添えもあって、ソニーの拠点は比較的早い時期に続々と稼働を再開した。社員や家族の皆さんの生活も苦しいままで日常通りとはとてもいかないとはいえ、なんとか前に向かって歩み始めていた。

そんなタイミングで、ソニーには震災とはまったく関係のない危機が迫っていた。

サイバーアタック

事の発端は4月19日だった。その日の米国時間午後4時過ぎ、アメリカのカリフォルニア州にあるサーバーがなんの前触れもなく突然、再起動した。明らかな異常動作だった。

ハッカーによる侵入を受けたことが明らかになり、このサーバーを使うネットワークサービス、つまりプレイステーション ネットワーク（ＰＳＮ）を停止したのが翌20日のことだった。ソニーは震災による混乱のさなかに大規模なハッキング攻撃を受けていたのだ。

ただ、具体的にどんな被害を受けた可能性があるのかは、膨大なデータを処理しないことには分からない。被害状況を把握するため、まずはデータの解析を急いだが、後にこれが大きな批判を受ける理由となってしまう。ソニーが情報流出を対外的に公表したのは、26日（米国時間）になってからだった。なぜもっと早くに対外発表しないのだとのご批判を受けたのだ。

この直前、日本時間の26日にはソニーは初となるタブレットの発表を控えていた。アップルのｉＰａｄに対抗するために開発された「ソニータブレット」である。

この日、都内で発表会の壇上に立った私は、ネットワーク時代の新しいデバイスの魅力をプレゼンすることになった。皮肉なことに、その裏ではネットワーク時代の暗黒面とも言うべきハッキング攻撃による、情報流出の疑惑（この時点では）の模様が少しずつ明らかになっていたのだった。ただ、この場では何も触れることができない。

結局、ソニーは最大で７７００万件の名前や住所、電子メールアドレスなどの個人情報が流出した疑いがあることを発表した。暗号化しているとはいえ、中にはクレジットカード情報も含まれる。

この段階ではまだ声明文を公表しただけだ。当然、周囲は納得しない。

ソニーとして何をどう伝えるべきか――。社内で意見は割れた。私はすぐさま分かっていることを開示した上で記者会見を開き、謝罪すべきだと主張したが、法務担当EVPのニコール・セリグマンさんの意見はまったく逆だった。

アメリカでは企業がこのような事態に陥った場合、州によってどんなタイミングで何を開示しなければならないかの基準が異なるという。そもそもソニーはハッキング攻撃の被害者でもある。実際、ソニーは米連邦捜査局（ＦＢＩ）に捜査を依頼している。なにより、情報が不正確な段階で下手に謝罪会見を開いて頭を下げてしまえば、全米規模での集団訴訟が起きるリスクがあるというのが、彼女の意見だった。

ニコールはクリントン元大統領の女性スキャンダルなどで手腕を発揮した弁護士だ。確かにアメリカの法律の専門家としては的確な判断なのかもしれない。だが、ソニーは言うまでもなく日本の会社である。日本に本社を置き、日本で事業を営んでいる以上、日本のお客様や関係者に「今分かること」をちゃんと伝えて頭を下げる必要があると考えた。

折しもソニーのトップであるハワードはニューヨークの自宅に滞在していた。持病の腰痛が悪化して、私が副社長に指名された震災前日の取締役会を終えるとその足で手術を受けるためアメリカに飛んでいたのだ。被災した東北の拠点を激励するために一度は日本に来たが、治療のため再びニューヨークに戻っていた。

「会社が終わる」

ソニーが沈黙する間、メディアの報道はどんどん過熱していく。もはや一刻の猶予もない。私はニューヨークのハワードに電話してこう伝えた。

「日本ではちゃんと謝罪しないとダメだ。日本には日本の文化がある。それを受け入れないといけない。これをやらないと会社が終わることだってありえる。自分たちも被害者だなんて言っても伝わらない。この役目は私がやるので、任せてほしい」

最後はハワードも納得してくれた。

こうしてゴールデンウイーク中の5月1日、対外的には新製品の発表に使うことが多い本社ビルの大会議場で現状報告と今後の対応についての記者会見を開いた。

私は冒頭、「利用者の皆様には多大な不安とご迷惑をおかけしていることを深くおわびします」と言って頭を下げた。こういう時、誰に何を発信するべきか。まずはお客様への言葉で始めるべきだと考えた。

このサイバーアタックは当時としては過去最大規模だった。米国でも議員による批判が相次いだ。私もオンラインで同席してハワードにニューヨークで会見してもらい、我々としては「今分かることを誠心誠意伝える」ということに徹したつもりだ。その甲斐もあってか、ヒートアップした世論は徐々に落ち着いていくことになった。

今でもこの時の危機対応はソニーにとって大きな教訓になっていると思う。思わぬ危機に直面した場合、多くのケースですぐに１００％事態が把握できるということはないだろう。

そういう時に会社としてできることは、不完全でもいいから現時点で分かっていることを誠実に伝えることだと思う。もちろん不完全であることを包み隠さず。さらに重要なのは、「次はいつまでに」と期限を区切って情報をアップデートしていくことだ。その都度、説明する。最初から完全な情報とはいかない代わりに、回数を重ねて丁寧にアップデートできた情報を説明していく姿勢を明確にするのだ。

こういった場合の危機管理のマニュアルは、多くの企業に存在していると思う。ただ、恥ずかしながら当時のソニーがそうであったように、一般論になってしまってはいまいか。それではいざというときに使い物にならない。いつまでにどこで何をやらないといけないのか。その具体的なアクションの選択肢を持ち、何を選ぶのが最善か。これは経営者として平時から準備していなければならないことだ。

ソニーの社長に

東日本大震災から始まった嵐のような２０１１年が過ぎて年が明けた頃。ハワードから「社長をお願いしたい」と打診を受けた。新聞などでは私が社長に就任し、ハワードが会長兼ＣＥＯに就くと報じられていた。当初はそのような話だったと思うが、途中からトーンが変わりどこかの時点で「社長とＣＥＯをお願いしたい」という話になったと記憶している。結局、ハワードは会長にもＣＥＯにも就かず1年だけ取締役会議長となり、私をサポートしてくれるということになった。

経緯はどうであれ、私はソニーの経営を預かる責任者となる。もともとは先に述べた通り「四銃士」と言われてもピンと来ていなかったし、そもそもここまでの私の歩みから考えてまさかソニーの社長になるとは思いもしなかった。

ソニーミュージックで音楽ビジネスにどっぷりとつかり、不本意ながら赴任したニューヨークで上司だった丸山茂雄さんから「ゲームを手伝ってくれ」と言われたのがきっかけで、期限付きのお手伝いという認識でSCEAの仕事に携わったのが、今思えば人生の転機だった。

そこからゲームビジネスの面白さにとりつかれるようにして駆け抜けて17年が過ぎていた。アメリカでも、SCEの本社がある東京・青山でも、「ここに骨をうずめる」と誓ってきたが、ついにそうはならなかった。そんな私にソニーの経営トップという大役が回ってきた。まさに人生の不思議である。

これまでのキャリアでSCEAとSCEという2つの会社のターンアラウンドに貢献できたという自負はある。だが、次の仕事として打診されたソニーという会社のかじ取りは、これまでとは比較にならないほどのハードルの高さであることは、この嵐の1年間を通じてすでに身に染みて理解できていた。

「よく引き受けるよな」

「平井は何を考えているのか」

先輩たちからは冗談交じりに激励の言葉をもらったこともある。ソニーがそれだけ追い込まれた状況に陥っていたことは、誰の目にも明らかだったからだ。私が社長のバトンを受け取った時点でまさに崖っぷちに立たされていた。それは数字が雄弁に物語っていた。

連結最終損益は4年連続で赤字。しかも赤字額は徐々に膨れ上がり２０１１年度は過去最大となる４５５０億円の赤字となった。エレクトロニクスの不振が最大の原因で、この時点でテレビ事業は実に８年連続で営業赤字となっていた。

副社長となってからの1年間、エレクトロニクスを担当してみて率直に思ったのは「このままじゃダメだ」ということだった。

だからこそ、社長就任を断るという選択肢は、私の中にはなかった。

この時点でソニーの連結社員数は16万２７００人。最初は会社のあまりの大きさに気が遠くなる思いだった。しかも、社内には自信を失ってしまったような空気が流れているように見えた。

ただ、副社長として嵐の中の1年間を駆け抜けていると、「これでいいや」とは誰も思っていないんだということを痛感するシーンを度々、目にしてきた。震災からの復旧やサイバーアタックのような非常事態が、私にそういう思いを強くさせた側面はあるかもしれないが、特に若い人たちの間には「このままじゃダメだ」の先に「こんなはずじゃない。もっとできるはずだ」という情熱のマグマがたぎっているような気がしたのだ。

「まだまだソニーは捨てたもんじゃないぞ」

そう思わされるとともに、彼ら彼女らの情熱のマグマをもっともっと湧き上がらせることが、ソニーをそんな会社に変えることこそが、私に課された課題だと考えるようになっていた。

ただし、4年連続赤字の会社を立て直すのは容易なことではない。嵐の日々はまだ続く。いや、これからが本番だった。

厳しい船出

「ソニーの将来のためには、避けて通れない、多くの痛みを伴う選択や判断、実行を要する場面に直面することになる」

2月2日に開いた社長就任の記者会見で、私はこう断言した。集まった報道陣にも、新社長のお披露目のような祝福ムードは皆無だった。記者たちからの質問も業績の悪化とリストラに集中した。私自身も「痛み」を口にしたように、生半可な改革ではこの危

筆者とハワード・ストリンガーさん（2012年2月）

機を脱することはできない。ただ、私はこうも付け加えた。

「競争相手も経営環境も私たちを待ってはくれず、私たちに猶予はない。それをしっかり自覚し、固い意志と覚悟をもってやり遂げる」

これは偽りのない決意表明だった。実際、4月1日に社長兼CEOに就任した私にとって初仕事は、就任から2週間もたたない4月12日に開いた中期経営計画の記者発表だった。痛みを伴う構造改革として1万人もの人員削減を公表せざるを得なかった。

「8年連続で赤字を出すテレビ事業を続ける意味があるのか」

報道陣からはこんな厳しい質問も飛ん

できた。私は「テレビをこれからもお客様に届けたいという強い信念がある」と答えた。メディアやアナリストからの疑念は強い。そこは結果で示すしかないと考えた。

周囲からの厳しい批判はこの後、数年の間はやむことがなかった。

6月末には株主総会を開くが、それに先立ち株価は1000円を割り込んで、32年ぶりの安値にまで落ち込んだ。総会では株主から我々経営陣への叱責が相次いだ。

「1000円割れは屈辱だ」

「新体制の施策も今までの言い方を変えただけで代わり映えがしない」

「現状認識が甘い」

もっともなご批判だと受け止めるしかない。私にできることはこれから着手するソニーのターンアラウンドを、結果の伴うものにして株主の皆さんの叱咤激励にお応えすることだけだ。就任会見でも述べた通り、責任を取る覚悟はできている。

周囲の誰もが懐疑的な視線を向ける中で、私はソニー再建へと走り始めた。会社員人生で3度目のターンアラウンド。背負った責任はとてつもなく大きい。

では、何から手を付けるか――。これまでと同じである。まずは足を使って現場の声を拾っていくのだ。

「愉快ナル理想工場」

先ほど中期経営計画の発表会見をCEOとしての初仕事と書いたが、実はこれは正しくない。皆さんの目に見える場に出たのが初めてというだけだ。4月2日月曜日に新入社員を迎えると、翌日に向かったのが震災で被害を受けた宮城県多賀城市の仙台テクノロジーセンターだった。震災からちょうど1年となる3月11日には訪問できなかったので、復興の様子を確認するために社長になったらいち早く訪れようと決めていた。

まずは足を使って社員の声に耳を傾けること。そしてこの会社を絶対に再び輝かせてみせるという決意を示すこと——。私の仕事はそこから始まった。

もちろん日本だけではない。この後、半年間で時間の許す限り世界中の拠点を回った。仙台をスタート地点にタイ、マレーシア、アメリカの4都市、ブラジルの2都市、中国は5都市、インド2都市、そしてドイツ……。ざっと計算してみると直線距離で地球4周分に相当する。昼はタウンホールミーティングという形で社員たちに集まってもらい、夜はパーティーを開いてビールやワインを飲みながら、こちらから社員に質問をぶつける。

その旅路で確信を得たのが、副社長の頃から感じていた「情熱のマグマ」の存在だった。どの国に行っても社員の熱量を感じる。「ソニーはこんなものじゃないはずだ」というエネルギーに、時に圧倒されることもあった。

ただし、こうも感じた。

「今のソニーは方向性を失ってしまっている」

ソニーはエレクトロニクスを軸にゲームや音楽、映画、金融と幅広いビジネスを手掛ける巨大グループとなっていたが、向いている方向はみんなバラバラに思えた。ハワードが「ソニー・ユナイテッド」と言い、私も「ワン・ソニー」という言葉を繰り返したが、単に「ひとつになろう」と言っても何を軸に集まればいいのかが分からなくなっているのではないかと考えるようになったのだ。

「どういう会社でありたいのか」

「この会社はなんのためにあるのか」

そういった根本的な問いかけをミッションやパーパス、バリュー、ビジョン、あるいはちょっと古い言い回しでは企業理念として掲げる会社は多いが、ソニーグループの中には「そういうのってちょっとダサいよね」という空気があったように思う。ただ、これだけ広範なビジネスを抱えるようになった今だからこそ、グループとして一丸となって何を目指すのかを示す必要があると考えるようになった。

思えば、かつてのソニーにはそれが存在していた。井深大さんと盛田昭夫さんという二人の偉大な創業者が東京通信工業の設立趣意書に書き残した有名な言葉だ。

「真面目ナル技術者ノ技能ヲ、最高度ニ発揮セシムベキ自由豁達（かったつ）ニシテ愉快ナル理想工場ノ建設」

これは井深さんが起草した設立趣意書の「会社設立の目的」として掲げた8項目のうち、第一に記された言葉である。終戦から5カ月後のこと。まだ日本中が敗戦のショックに打ちひしがれ、焼け野原からの再起を期し始めた頃のことだ。

私はこの時期、何度もこの設立趣意書を読み返したが、まさにこれこそかつてのソニーの旗印だったように思う。小さな工場に集まった技術者たちが、井深さんと盛田さんをもあっと言わせてやろうと技能を競う。いつまでもそんな愉快な会社でいようというお二人の考えが、ストレートに伝わってくる。言葉を換えれば、社員の誰が読んでも東京通信工業という会社が何を目指す場所なのか、どんな志を持った会社なのかが伝わってくる。

ソニーを創ったお二人や、当時の「真面目ナル技術者」の皆さんの後輩である私が言うのも、ちょっと手前味噌に聞こえるかもしれないが、まごうことなき名文だと思う。
ただ、様々なビジネスを世界中で展開する会社となったソニーの社員に、今私がこの言葉をそのまま引用して繰り返し発信しても、残念ながら響くことはないだろう。

「KANDO」に託した思い

新しい時代のソニーが向かうべき方向性を示す言葉を、私は見つけなければならない——。そう考えた。危機に瀕しながら地下では情熱のマグマがふつふつと煮えたぎるソニーをもう一度まとめられるような言葉はないか。新しいソニーの形を体現する言葉探しが始まった。まさに議論百出。大きくなったソニーの針路をひと言で言い表す言葉は、なかなか見つからない。

そんな中で生まれたのが「感動」だった。

感動を提供する会社——。

それこそが今のソニーが目指すべき姿ではないか。向かうべき方向なのではないか。まさに「これだ」と思った。個人的な話になるが、ひとりのユーザーだった私にとって

少年時代の宝物だったスカイセンサー ICF-5800

のソニーとはまさに「感動を提供してくれる会社」だったように思えた。

子供心ながらに「すごい！」と思ったのが持ち運び可能な5インチ型テレビだということはすでに述べた通りだ。思い出に残るソニーの製品を数え上げればキリがない。

例えば、BCLラジオの「スカイセンサー」。1970年代にソニーの看板商品となったラジオだが、機械好きだった私にとっては宝物だった。短波放送を受信して海外の放送をよく聴いたものだ。

スカイセンサーは中学生か高校生の時に秋葉原の怪しい電気店で手に入れた。本当は新型の「スカイセンサー ICF―5900」が欲しかったのだが、しつこく値切り交渉を持ちかけても頑としてまけてくれない。泣く泣く型落ちの「５８００」を買ったのだが、それでも当時の私にとっては宝物だった。

実は大人になってから一度、「５９００」がネットオークションで売りに出されているのを見つけて入札したことがある。締め切り直前の最後の数分で買い負けてしまった時にはそれはもう、悔しかった。

カセットデッキで愛用したのが「ＴＣ―Ｋ５５」。こちらは１９７９年の発売だが、５万９８００円もした。「かっこいいな！」と思ったのがデッキ中央部分に取り付けられた針のＶＵメーターだが、その間にはＬＥＤのピークレベルインジゲーターが備わっている。後で知ったことだが、このＬＥＤインジゲーターはエンジニアとして駆け出しの頃に久夛良木さんが手掛けたそうだ。

比較的新しいものだと２００１年に発売されたＭＩＣＲＯＭＶという超小型カセットのビデオも思い出深い。ソニーの社長になった後に研究所の連中と飲んでいる時に「あれってすぐにフリーズしちゃうんだよねぇ」と苦言を呈したら、その場にいたエンジニアの一人に「すいません。あれ、僕が設計したんですよ」と言われて肝を冷やしたこともあった。

ウォークマンやトリニトロンは言うまでもなく、ソニーの歴史を彩る数々の名機は、いずれもユーザーに感動を与えるようなものだった。それはつまり「愉快ナル理想工場」に集まった名も無き社員たちが、そういうモノを世に問うてやろうという共通の針路を持ちあわせていたということを物語っている。

その針路の価値は今も変わらないはずだ。いや、当時と比べて事業の幅が広がりバラバラになってしまったように見えるソニーにとって、今こそ求めるべき価値である――。

私はこの言葉を「ＫＡＮＤＯ」と言うことにした。英語に置き換えるより日本語を使うことで、海外の社員にもよりストレートに響くのではないかと考えたからだ。彼ら彼女らにとってはちょっと異質な日本語をあえて使うことで、「ＫＡＮＤＯとはなんだろう」と考えてもらうきっかけにもなるはずだ。

こうしてソニーが向かうべき方向を「ＫＡＮＤＯ」のひと言で表すことにした。大赤字を出し続けて危機に瀕している会社を率いるにあたって、いまさら言葉探しとは「何をノンキなことを」と思われるかもしれないが、組織全体が向かうべき方向を示さないことには何も始まらない。ここをおろそかにしてはいけないというのが、私が過去の経営再建の経験で学んだことだった。

ただし、条件がある。

こういった言葉は社員たちに浸透してこそ意味がある。そうでなければ「また新しい社長がなんか言ってるよ」で終わってしまう。

ソニーが向かうべき価値をどうやって社員に浸透させればいいか——。第3章で「臨場感が危機感を生む」と述べたが、臨場感は一体感も生む。

私は再び、世界を回る旅に出た。

「雲の上の人」では伝わらない

私は結局、ソニーの社長を6年間務めることになった。その間、世界中の拠点を回ってタウンホールミーティングを開いて社員たちに語りかけてきた。その数は70回を超える。6年間は72カ月なので、だいたい毎月1度は世界のどこかの町でタウンホールミーティングを開いてきた計算になる。

会場は行く先々でまちまちだ。大きな拠点だとオフィスや工場内の広いスペースに集まってもらうことが多かった。シドニーではグループの社員数百人でイベント会場を貸し切って、ソニーミュージック所属のアーティストに歌ってもらうこともあった。小さ

インドネシアのタウンホールミーティングで社員に語り掛ける筆者（2017年）

な会議室で開くこともあったし、サンディエゴではバーベキューにした。ロサンゼルスでは映画のスタジオに集まってもらった。

集まる人数も会場の雰囲気もバラバラだったが、どこに行っても私が伝えようとしたのはとにかく、「ソニーが目指すのはKANDO。お客様に感動を与える製品やサービスをみんなで創り出そう」ということだった。

これはトップが直接伝えるしかない。さすがにコロナ禍では不可能だが、リアルで会える状況なら、トップは伝えたいことを直接現場に行って語りかけなければ目指す方向性はなかなか共有できないと思う。社内報やビデオメッセージでは、残念ながら伝わりきらないのではないだろうか。

ただし、タウンホールミーティングで本当

に重要なのは私からのスピーチではない。むしろ重視していたのが、その後のQ＆Aセッションだった。私はどこに行っても最初にこう言うことに決めていた。

「皆さん、ひとつだけ守ってほしいルールがあります。それはこのセッションにルールはないということです。つまり、何を聞いてもよいということです」

そしてこう続ける。

「会社のことは当然ですが、私のプライベートなことでもなんだっていいんですよ。この場にバカな質問なんてものは存在しない。もちろん答えられないこともあるけど、その時はそう言いますから、なんでも聞いてください」

こう伝えたところで「カズ・ヒライにはなんでも聞いていいんだ」とは思ってもらえない。実際、最初の頃はなかなか質問の手が挙がらなかった。やっと手が挙がっても当たり障りのない質問がほとんどだった。

「本当に聞きにくいことをうっかり聞いてしまって社長の機嫌を損ねたりしないか。だったらやめておこうかな……」。誰だってそう考えるはずだ。周りに座る同僚の視線も気になるだろう。その気持ちは分かる。だからこそ、こちらから「本当になんでも聞いてもいいんだ」という空気感を作る必要がある。社長講話という、どうしても硬い雰囲気になりがちな場をどうほぐすか。

まずやってはいけないのが、事前に社員から質問を集めて司会が読み上げるという形式だ。これでは予定調和の答弁のようなものだと思われる。タウンホールミーティングを設定する事務方の社員にとっては、社長が来るのでつつがなく進行したいという気持ちもあるだろうが、「仕込みはしないでくれ」と強く言うようにしていた。社員たちに響かない言葉になっては元も子もないし、ますます集まった社員が質問しにくい雰囲気になってしまう。

こういう時はちょっと冗談っぽく「なんでもいいよ。この前、別の場所では普段、自宅では家事をするのかと聞かれちゃって」などと、プライベートなことを少し話したりする。

すると社員からも「奥さんとはどうやって出会ったんですか？」といった質問が来る。こうなればしめたものだ。

「Good question!!」

そう言って「大学を出てCBS・ソニーに入社した時に同じチームになったのが妻でした……」と続ける。ジョークを織り交ぜながら笑いを取ることも心がけていた。すると、堰（せき）を切ったように手が挙がって質問が出るものだ。

「KANDOと言われても分かりにくい。もう一度説明してもらえませんか」

「私はタイ全体の経理を担当しているが、ワン・ソニーと言われてもこの国にいるグループ会社の人と会ったことさえない。そんな状態でどんな貢献ができるでしょうか」

それぞれの質問に丁寧に答えなければならないのは、言うまでもないだろう。

時には妻の理子も一緒にタウンホールミーティングを回ってもらうこともあった。ちゃんと仕事をしている姿を見せるのが目的——と言いたいところだが、これには私なりの狙いがあった。社長といってもみんなの前で奥さんから突っ込まれてタジタジになっているような人間くさい姿を、あえて社員に見せることだ。実際、演技しているわけではなく「素」のままにやりとりしていた。

そうすると壇上にいる「雲の上の人」だと思っていた社長が、自分たちと同じ、家族のために働くひとりのソニー社員でしかないことをサラッと示すことができる。実際、そうなのだが、それを示すための工夫は必要なのだ。

カリスマではなく

私は1984年にCBS・ソニーに入社した。当時のソニーは社長が5代目の大賀典雄さん。創業者のおふたりは井深大さんが名誉会長で盛田昭夫さんが会長だった。いずれもただでさえ雲の上の存在なのだが、特に創業者となるともう、神様のような存在である。

創業者のおふたりのうち、私が直接お見かけしたことがあるのは、盛田さんだ。といっても、CBS・ソニーの創業20周年の記念式典で会場に来られた盛田さんを出迎える社員の列にいて、クルマを降りて会場に歩いて入る姿を間近で見たという程度だ。すぐ目の前を歩いているのだが、その距離がものすごく遠く感じた。親会社の会長であり産業史に残るファウンダー。創業者を神格化するというわけではなく、若い私の目には白髪の盛田さんがまさに神様のように映ったという意味だ。

大賀さんもまた、雲の上の人だ。確か、初めてお会いしたのは1995年にプレイステーションをアメリカで発売する直前にニューヨークに大賀さんはじめソニーの役員陣が来た時だった。私が説明役となったのだが、直前までソニーミュージックの係長だった私がプレゼンすると、皆さんが「あいつは誰だ」といった様子で少しいぶかしがっているのが分かった。

いずれにせよ、私にとってはソニーの経営トップというのは住む世界が違う人たちに見えた。ソニー本社ではなく音楽やゲームの子会社にいたから、なおのことそう思えたのかもしれない。音楽もゲームも今ではソニーグループの中核企業だが、当時はなんといっても「エレクトロニクスのソニー」だったのだ。

二人の創業者や大賀さんは、まぎれもないカリスマだ。だが私はそうではない。当然ながら雲の上の住人でもない。そう思われてはならないし、実際にそうではない。ただ、社員たちにはそうは見えないのかもしれない。ソニーの社長というだけで「雲の上の人」という目で見られているのかもしれない。かつて私がそう思ったように。

その意識を壊すなら、社長から働きかけなければならない。

私はそんな思いで世界中を回って社員たちと話し合ってきた。私はよく「肩書で仕事をするな」と言うが、社長という肩書を盾に取れば、社員たちの口から本音なんて出てこない。社員との信頼関係が構築できなければ、いくら「ＫＡＮＤＯを」とか「ワン・ソニーで同じ方向を向こう」と語ったところで伝わらない。社員たちには響かない。

肩書で仕事をするな

社員たちの「票」を勝ち取り、「この人の話なら聞いてやろうか」と思ってもらうためには、小さなことを積み重ねていくほかない。

中国の工場に行った時のことだ。私は工場でもオフィスでも社員たちと同じ食堂でランチを取ることにしているのだが、社員食堂に行くとある一角がテープで仕切られていて「ＶＩＰ」と書かれていた。これにはさすがに私もちょっと怒ってしまった。しかも食事は特注のケータリングが用意されていたので、がっくりである。

これは他の工場でのこと。私は普段、みんなが何を食べているのかも知りたいので社員と一緒に列に並んで同じものを食べる。席について食べると、ものすごくおいしい。

「いやぁ、ここの食事はおいしいねぇ！」

近くに座っていた社員にそう話しかけると「ありがとうございます」と言うではないか。

「今日は平井さんが来るから特別なんですよ」

ああ、これじゃダメだ……。そんな特別扱いをされたら私まで「雲の上の人」になってしまう。みんなと同じ目線に立って話しているなんて思ってもらえない。この時はもう仕方ないので、現地のスタッフには二度とそういうことはしないでほしいとお願いした。

これはスペインに出張した時のこと。ホテルの部屋に入るとソニーのテレビが置いてあった。でも何かおかしい。テレビの裏側を見るとホコリがまったくない。室内の他のものと比べて配線が明らかに新しいことも気になった。

「もしかして……」

ホテルを手配してくれた現地のスタッフに聞くと案の定だった。東京から本社の役員が来るときは部屋のテレビをソニー製に取り換えているのだという。「なんでそんなことをするかなぁ……」とため息をつきながらテレビを眺めたのを覚えている。

これはなにも現地のスタッフが悪いわけではない。今まではそれが当然だったのだろう。だから、いちいちこちらの意図を説明して改善してもらった。

余談だが、私はSCEAの社長時代に20キログラムほどのダイエットに成功した。きっかけは娘に我々が結婚した当時の写真を見せた時に「誰これ?」と笑われたことだったが、展示会などで多くの聴衆の前でプレゼンする機会が増え、消費者向けのビジネスを手掛ける会社の社長として、「会社の顔」としての役割を意識することが強くなった。こういう時にスマートに製品やサービスを紹介できるかどうかは、トップとして重要な要素だと考え、その後も体形を維持するよう努めてきた。

そして、社員たちからどう見られているのか、その視線も常に意識していたと思う。

繰り返しになるが、社長である私の方から行動を起こさない限り、どうしても社長は雲の上の人になってしまうし、それだと「肩書で仕事をしない」とは言えない。

ちょっとした仕草にも気をつけていたつもりだ。例えば、ソニーでは社員のお子さんが小学1年生になる時に「ランドセル贈呈式」を行っている。井深さんが始めたものだ。代表のお子さんに登壇してもらいランドセルを手渡すのだが、私はただでさえ背が高いので、小学1年生の子供が相手だとどうしても仕草が「上から」になってしまう。

そこで膝をついて子供と目線を合わせて手渡すことにした。

もちろんちょっとした気遣いでしかないのだが、会場でその様子を見る親たち、つまり社員たちの中には私の意図を察してくれる人も何人かはいるはずだ。そう思ってやっていた。

今思えば、「肩書で仕事をするな」という信念を教えてくれたのは、ソニーミュージック時代の上司で、私をゲームビジネスに引き入れた丸山茂雄さんだったと思う。

丸山さんはソニーミュージックの前身であるCBS・ソニーが創設された時からのメンバーだし、前述したように久夛良木健さんがプレイステーションの立ち上げを進める際に社内の一部に存在した逆風からかばうため、自らが立ち上げたEPIC・ソニーで久夛良木さんをかくまった人だ。

その後、丸山さんはソニーミュージックとSCEの副社長を兼任することになる。さらに丸山さんは後にソニーミュージックの社長になっているし、SCEの会長にも就任した。よく考えれば猛烈に出世の階段を上っているのだが、我々と話す時の口調はいつも同じように、くだけたべらんめぇ調だった。どんなに偉くなっても基本は白いポロシャツにジーンズ姿。もちろんビジネスの話になればシビアな判断も下すのだが、丸山さんといえばいつも大声で笑っている顔を思い出す。

すると、不思議なことに周りにいる我々も、ちょっとばかり無理難題だなぁと思うことや面倒なことでも、「まあ、丸山さんが言ってるんだから」と思ってあっさりと引き受けてしまうし、気づかないうちに全力で取り組もうと思わされてしまう。

実際、SCEA時代の私がそうだった。東京とフォスターシティを往復していた丸山さんの姿を見ているとこちらもがんばらなければと思うし、その丸山さんから「SCEAの社長をやってくれ」と言われたら嫌とは言えない。むしろ「この人のためなら」と思って全力を尽くした。丸山さんこそ肩書で仕事をしない人。そして「経営者はEQが高くあれ」を体現するリーダーだったと思う。

若くしてリーダーのお手本のような人に出会ったことは、私にとってはとても幸運なことだった。

トヨタの教え

ちなみに「KANDO」を語ったのは社長に就任してからしばらくの間だけでなく、在任6年間ずっと言い続けた。それこそ壊れたレコードのように、何度も何度も繰り返した。そうでなければ伝わらないし浸透もしないからだ。

その点でとても参考になる方が、トヨタ自動車の豊田章男社長だ。豊田さんには何かの会合かイベントでちょっと挨拶をさせていただいたことがある程度なのだが、私より3年早く社長に就任されてからずっと「もっといいクルマをつくろう」と社員に語りかけてこられた。1年や2年ではなく、ずっとだ。あれだけ巨大な組織の意識を変えるためには、豊田さんほどの求心力があるリーダーでも同じことを繰り返し訴えかけることが大切だということを理解し、実行されている。

豊田さんと言えばもうひとつすごいなと思うのが、レーサーのライセンスを取得して「豊田章男社長」ではなく「モリゾウ」という名でレーシングカーのハンドルを握ってコースを走り、実際のレースにも出場されているということだ。日本の自動車メーカーのトップで、いや世界の自動車メーカーのトップでここまでやる人が他にいるのだろうか。

この「インボルブ感」が大事なのだ。

「モリゾウ」がヘルメットをかぶってつなぎのレーシング服でハンドルを握っている。もう、その姿だけで社員たちへの強烈なメッセージとなる。「この人は本当にクルマが好きなんだな」と、口に出してそう言われなくても十分に伝わるというものだ。これには素直にすごいなと思わされた。私の言葉に置き換えれば「臨場感が一体感を生む」ということになる。そしてもうひとつ、大きな効用がある。

「リーダーは自社の商品やサービスの一番のファンであれ」

これも私がよく口にする言葉だ。

豊田さんはそれを誰が見ても一瞬で理解できる方法で伝えているのだと思う。もちろんパフォーマンスではなく本当に心底、クルマがお好きなのだろう。そうでなければ、あそこまで命懸けのことはできない。

エンジニア魂に火をつけろ

私も豊田さん同様にエンジニアではない。でも、実際にモノやサービスを作るのはエンジニアたちだ。

エンジニア魂にどうやって火をつけるか——。

これもまた大切なテーマだ。ソニーの再生でも欠かすことができない。

豊田さんはそれをモリゾウとして雄弁に語ってこられた。私の場合はやはり、「俺がソニーの一番のファンだ」と伝えるためにはどうすればいいかを考え抜いた。実は口先だけではなく本当に「一番のファンだ」と思っている。ただ、それが伝わらなければ意味がない。

そのためには、やはりまずは現場に行くこと。直接、自分の言葉でエンジニアたちに伝えなければならない。例えば、ソニーの国内最大のR＆Dセンターである厚木テクノロジーセンター（神奈川県厚木市）には、何度も足を運んだ。一度や二度ではダメ。必ず帰り際に「また来るからね」と付け加える。

まずはエンジニアたちに目いっぱい自慢してもらうのだ。私は厚木に限らずソニーのR&Dセンターは宝の山だと思っているが、エンジニアたちはそれぞれのアイデアや思いを持って開発しながら、どこか「どうせ本社の偉い人たちには分かってもらえない」という、やや悲観的な思いがあるように見えた。だからこそ、目いっぱい自慢してもらう。面白いと思うものには素直に「すごいね！」と言って感動する。別に演じているわけではなく、本当にすごいと思うだけなのだが。

そして彼ら彼女たちの自慢話を聞きながら「なんとか鼻をあかしてやろうじゃないか」と、こっちも必死に突っ込みどころを考える。ある時、本当の真っ暗闇の中でもモノの形を正確に捉えるものすごい感度のイメージセンサーを開発したというエンジニアの話を聞きながら、「じゃ、これはカンカン照りの太陽の下ならどうなの？」と質問すると「いや、それはまだちょっと……」と言いよどんだ。こういう時はしめたもの。勝ち誇るのではない。

「やっぱりぃ～？」と冗談っぽく突っ込みを入れつつ「いや、これは本当にすごいよ。明るいところでもどれだけ使えるようになるか、次に来る時までに楽しみにしているから、見せてよ」とこちらの期待をストレートに伝えるのだ。そして約束したら必ず次回、進捗を披露してもらう。

研究開発というものは思い通りに進むことばかりではないので、進捗がない時もある。それでもいい。大事なのはこちらの期待を伝えること。そして、エンジニアたちのがんばりに対して「ちゃんと見ているぞ」と示すことなのだ。その人間関係を構築できるか。その積み重ねだ。だから年に一度の定期訪問のような儀礼的なものではダメなのだ。

私はエンジニアではないが、そもそもいつの時代もソニーの歩みの真ん中にいたエレクトロニクス部門の出身でもない。エンジニアたちの言葉を理解できるかと言われれば、できないこともかなり多い。もちろんなるべく理解しようと勉強する。でも、そもそも優秀なソニーのエンジニアたちに及ぶわけがない。

ただし、ソニーの製品やサービスへの愛だけは負けないつもりだ。

子供の時に感動した5インチ型テレビ、どうしても欲しかったけど手が届かなかったBCLラジオのスカイセンサー ICF―5900、ちょっと使いづらいけど嫌いになれないMICROMV――。

エンジニアたちと話す時は、自分が実際に使ってきたソニーの名機を話題にすることが多かった。私は昔から根っからの機械好きだったが、特に思い入れが強いのがカメラだ。我ながらマニアの域だと思う。だからカメラの話になると、ついつい止まらなくなってしまう。エンジニアの間では「平井さんにカメラの話を振ると終わらなくなるから気をつけろ」と注意喚起されていたということを、後になって知った。

「リーダーは自社の製品やサービスの一番のファンであれ」

私の場合は「ソニーの一番のファンであれ」と心がけていたというよりは、自分でも知らず知らずのうちに自然とそうなっていたというのが正直なところなのだが、単にファンであるだけでなく「一番のファン」であることを社員たちに伝えなければならない。分かってもらう必要がある。そして、輝いているのはそんな製品やサービスであり、それを創り上げた社員たちなんだということを伝える。それこそが、リーダーである私の仕事なのだ。

厚木では毎年、家族や近隣住民の方々も参加する夏祭りを開くのだが、これはスケジュールが許す限り必ず参加することにしていた。ただし、「俺も誘ってよ」というノリで参加するのだ。ビールを飲みながらエンジニアたちとソニーの製品やサービスについて語り合う絶好の機会だからだ。ざっくばらんな雰囲気を壊したくないので他の役員にも「少なくとも役員は、厚木の夏祭りには短パンで参加しよう！」とお願いしたこともあった。

私のキャリアの原点は音楽業界だ。そこではアーティストを輝かせることからすべてが始まる。でも、ソニーグループのすべてのビジネスで同じことなのではないかと、今では思う。

製品とサービスを輝かせる。そのためには社員を輝かせなければならない――。

もちろんエレクトロニクス部門のエンジニアたちだけではない。ソニー生命では営業職をライフプランナーという。お客様の人生設計を一緒になって考えることが原点であり、商品である生命保険はより良い人生設計のためのご提案という考え方に基づくからだ。大変な仕事だ。だからこそ、ライフプランナーが輝けるようでなければソニー生命は輝けない。

ソニーは再び輝く

私は音楽業界を皮切りにゲーム業界、そしてソニーへと転じるたびにターンアラウンドという仕事に奔走してきたが、そのすべての過程でこのグループが持つ力に感動させられてきた。初代プレイステーションで初めてリッジレーサーをプレイした時の驚きは今でも鮮明に覚えているし、厚木でエンジニアたちの話を聞いている時もそうだった。

CES2018でのスピーチ（2018年1月、米ラスベガスで）

ここではとても書き尽くせない。

だからこそ、それらを輝かせることが私の仕事であると再認識するようになった。幸いにして職場が変わるたびに「これはもっと輝かさせなければ」とこちらが思わされるような人や技術と出会い続けてきた。

またしてもちょっと手前味噌になってしまったが、壊れたレコードのようにＫＡＮＤＯを唱え続ける私自身が、ソニーグループが持つ宝の山に感動させられていたのだと思う。だからこそ、「この会社は必ず、もう一度輝けるはずだ」という確信を持つようになったのだ。

第5章

痛みを伴う改革

ソニー再生

変革を成し遂げた「異端のリーダーシップ」

「550Madison」売却の狙い

「低迷するソニー」の奥でふつふつと煮えたぎる情熱のマグマを解き放ち、もう一度この会社を輝かせてみせる――。

「KANDO」の伝道師として世界中を巡る中で決意を固めていった私だが、そこに至るまでにはどうしても避けられない痛みが存在するだろうことは、当初から覚悟していた。

社長就任の記者会見でも語った通り、ソニーのターンアラウンドを進めるにあたって「痛みを伴う改革」は避けられなかった。

社長就任の翌週に発表した経営方針でも中小型ディスプレイやケミカルプロダクツの売却、テレビ事業での固定費削減など大規模な構造改革を打ち出したが、抜本的なテコ入れはまだまだこれからということは理解していた。ソニーを輝かせるためには、よりドラスチックな改革が不可欠だったのだ。それはおそらく、ソニーがいまだ経験したことのない痛みを伴うものになるだろう。

ところで、私が社長になってすぐに決めた資産売却がある。それがニューヨークにある米国本社ビル、「550 Madison」だ。CBS・ソニーの係長だった私がニューヨークへの転勤を命じられた際に勤務していたマンハッタンのマディソン街にある巨大なビルだった。

アメリカ人の中にはソニーがアメリカの会社だと思っている人も多いと聞く。ある調査ではアメリカ人の2割が、ソニーは米国企業だと思っているという。その象徴的な建物であり、アメリカのソニー社員たちにとって誇りでもあったかもしれないビルを売却する。

売却を決断したニューヨークの米国本社ビル「550 Madison」

ソニー・コーポレーション・オブ・アメリカ（ソニー・アメリカ）に売却を命じると、現地の幹部たちから強く反対された。何度もやりとりしたがそのたびに「今は市況がよろしくない」などと言って先延ばしにしようとする。私としては、そこは譲るつもりはなかった。決着は翌年に持ち越してしまったが、11億ドルでの売却が決まった。

ビル売却の最大の狙いはもちろん財務体質の強化だが、私としてはもうひとつの狙いがあった。それは社内に向けた強烈なメッセージである。

「ソニーはこれから構造改革に着手する。そこに聖域はない。ノスタルジーが入り込む隙間もない。そして平井は一度決めたら必ず実行する」

アメリカで成功したソニーの象徴を手放してしまうことには、無言のうちにターンアラウンドへの覚悟を示す狙いがあった。

テレビ事業の再建へ

ソニーのターンアラウンドを進める上で最大のテーマのひとつとなるのが、赤字続きだったテレビ事業の立て直しだった。私が社長に就任した時点で8年連続の営業赤字。かつてのソニーの看板商品はいつのまにか「ダメになったソニー」の象徴のようになってしまっていた。経営方針でも「テレビ事業の再建」だけは、個別の事業名を名指しした上で重点施策に掲げていた。

ただ、テレビについてはすでに大きな方向性は定めて、チームが再建に向けて走り始めていた。私の社長在任期間中にも「テレビ事業を売却しないのか」とよく聞かれたが、その考えはなかった。ソニーのテレビは必ず復活できるという結論に達していたからだ。ただし、そのためには抜本的にやり方を変えなければならない。それが「量から質への転換」だった。量を追うことを前提とした経営からの脱却である。

ソニーは2009年11月に示した中期計画で、テレビの世界シェアを2012年度までに20％にすると表明していた。世界の市場規模から逆算すれば年間4000万台に相当する。この「4000万台」という数字が幻影のようにつきまとっていたのだ。当時のソニーの販売台数の2倍以上にあたる数字であり、外部への生産委託を拡大することでなんとか達成しようとしていた。

この4000万台構想は強力なライバルの登場と無関係ではない。サムスンだけでなくLGなど韓国勢が世界中で販売を伸ばす一方で、中国勢も台頭していた。ソニーの顔であり、リビングの目立つ場所に鎮座する家電の王様であるテレビ。その存在を守るために、ソニーは4000万台構想を掲げた。だが、そうなると数字がひとり歩きしてしまい、採算性よりシェアの確保が最優先事項となってしまう。

その先に待っていたのは、韓国・中国勢との際限のない価格競争だった。4000万台というどう見ても背伸びした台数を掲げることで、ソニーは自ら価格競争という本来は我々が上るべきではない土俵に上ってしまったのだ。言葉を換えれば、テレビはコモディティ商品だと自ら認めてしまったことが敗因だと言えるだろう。

この大前提を覆すことから、テレビ事業の再建は始まる。

こう結論づけたのは、何も私だけではない。私は社長就任に先立つ２０１１年に副社長としてテレビなどコンスーマー事業全般を担当した際に、テレビ事業の再建という難題を託したのが今村昌志さんと高木一郎さんだった。

いずれも私にとっては先輩にあたるが、この人選には大きな意味があった。今村さんと高木さんはいずれもデジタルカメラやビデオカメラを扱う「デジタルイメージング事業」の立て直しで手腕を発揮されていた。

特にデジタルカメラでの実績は誰もが認めるところだった。デジカメの市場規模は２００３年頃から急拡大した。ソニーは早くから「サイバーショット」のブランドでこの市場に参入していたが、市場が拡大期に入ると同じサイバーショットでも複数の「シリーズ」を続々と投じ始めた。やや乱発気味になったのは、やはりデジカメで台頭してきたサムスンを強く意識したものだったようだ。

つまり、その後のテレビと同じようなコモディティ化の道をいち早く自らたどっていたのがデジカメだった。そこに規律をもたらしたのが今村さんと高木さんのコンビだった。それだけではなくコニカミノルタから一眼レフ事業を買収し、その後の高級デジカメ路線の礎となる「α（アルファ）」シリーズをコツコツと育て上げてきた。この経験をテレビの再建でも生かしてもらいたいと考えたのだ。

我々が最初に取りかかったのが4000万台構想の撤回だった。「むやみに台数を追うのではなく、差異化を目指していこう」。今村さんと高木さんとも何度も話し合い、この方向性で行こうということで一致した。

我々は2011年11月に4000万台から販売目標を2000万台に引き下げると発表した。この時、副社長として記者会見に臨んだ私はテレビ事業の黒字化に向けて「不退転の決意で取り組む」と話したが、この時点ではやるべきことは山積みでまだスタートラインに立ったばかりだというのが正直なところだった。

台数を追わなくなるということは、販売ルートを絞ることを意味する。テレビが赤字に陥っている理由のひとつに、海外の販売会社数が実力以上に膨れ上がっていたという実態があった。売るために販売会社を増やすのか、販売会社を維持するために無理して台数を売ろうとしているのか、どっちだか分からないような状況に陥っていたのだ。

この悪循環を断ち切るために量を追わない路線を徹底し、４０００万台構想を撤回した。次に待っているのが販売会社の集約である。それはつまり、昨日までのパートナーを切ることを意味する。予想していたことではあるが、これには猛烈な反発の声が押し寄せてきた。

反発を押し切る

特に多かったのがソニー社内からの反発だった。販売会社のほとんどはテレビだけでなくデジカメやビデオカメラなど他のソニー製品も扱っている。では、家電売り場の花形であるテレビの販売を絞るとどんなことが起きるのか。

販売会社はいわば仲卸のような形でウォルマートやベストバイなどの小売店にソニー製品を売っている。家電売り場の一等地とも言えるテレビの供給が絞り込まれると、どうしてもソニーブランドの製品全体の売り場が狭められてしまうというクレームが相次いだのだ。

「テレビが売れなくなるとデジカメやビデオを売るスペースまで狭められてしまう」

そんな悲鳴にも似た声が届くようになった。すると、社内からこんな批判が聞こえてくるようになった。

「この商売はまず台数を売ることから始まるんだ。平井はエレクトロニクスのビジネスが分かっていない」

確かに私はエレクトロニクス事業に関しては素人かもしれない。だが、素人が考えても分かるほど明らかに、当時のソニーは「テレビの販売台数に依存した流通モデル」という積年の課題を抱えていると考えた。言ってみれば、他の家電を売るためにテレビの利益を犠牲にしてでもコモディティ価格帯で韓国勢や中国勢と真っ向勝負している状態だ。

その結果がいつまでたっても止まらない赤字だった。身内の論理が先に立ってしまった結果と言える。この負の連鎖を断ち切らなければならない。

これはなにも私や今村さん、高木さんが初めて考えたことではないと思う。以前からちょっと分析してみれば分かっていたことだったはずだ。量を追う経営からの脱却はいずれやらなければならない。そのためには海外の販売会社をカットすることになる……。やるべきことは分かっていたはずだ。

「それ、俺がやるの……。まだそこまでやらなくても、なんとかなるんじゃないの」

これがそれまでのソニーの偽らざる本音だったのではないかと思う。つまり、問題の先送りである。誰も「汚れ役」をやりたがらなかったのではないか――。私はSCE社長としてゲームビジネスという違う畑にいたのでうがった見方と言われるかもしれないが、あながち間違いとも言えないと思う。

ところが、私や今村さん、高木さんが担当になった時にはもう、そんなことは言っていられない状況に追い込まれていた。8年連続の赤字である。このまま問題を放置して我々まで先送りにしてしまえば、社員たちも頭では危ないと分かっていながら「まだ大丈夫かも」と思ってしまう。それでは危機感が現場にまで伝播していかない。我々マネジメントチームには、手遅れになる前に行動で表す必要があった。

その一方で「テレビは必ず再生できる」とも考えていた。自ら飛び込んだコモディティ帯での勝負から一線を画して韓国勢や中国勢との差異化を進めれば、必ず光明が見えてくるという目算があったからだ。

今村さんはこれを「〝ガオン〟を徹底的に磨く」と表現した。画・音でガオンだ。つまり、誰が見ても違いの分かる映像と音で勝負しようというわけだ。私の言葉で言えば「KANDO」である。

［図表3］ テレビ事業の損益の推移

具体的には、ユーザーエクスペリエンスに直結するチップセットや音響にはとことん資金を投じることにした。ただし、誰にでも感動を与える域に到達するというところまでは、なかなか一朝一夕にはいかない。

「量より質」の成果が製品に反映され始めたのが、2015年頃からになるだろう。この頃から4K対応の高画質プロセッサー「X1」を搭載し、初めてハイレゾ音源に対応する製品を投入した。それ以降、我々は徹底して4Kテレビに集中投資していった。それでも「ソニーのテレビは変わった」とお客様に実感してもらうには、不断の努力を重ねるしかない。

テレビ事業が悲願の黒字化を達成したのは2014年度のことだ。実に11期ぶりのことだった。

アップルから学ぶこと

やや話はそれるがこの当時、ソニーはアップルと比較される記事が目に付いたように思う。私から見ればソニーとアップルはまったく違うビジネスを手掛けている会社だと思うのだが、何かと比べられることがある。

アップルは2007年にiPhoneを発売した。2010年代に入ると世界的なスマートフォンの普及が始まった。革新性に満ちた製品で世の中をあっと言わせるアップルに対して、勢いのなくなったソニーという図式で語られることが多かった。

実はかつてソニーがアップルの買収を検討したことがあるということは、知る人ぞ知る話である。私も詳しいことは知らないが、1995年にソニー社長に就任した出井伸之さんがインタビューなどで明らかにしている。出井さんは社長就任の前に「今後の10年」というレポートを書き、仮にアップルを買収すれば「AV(映像・音響)はソニー、ITはアップル」という役割分担ができると構想したという。ただ、当時のソニーは映画や音楽といったエンタテインメント事業の強化に乗り出しており、出井さんご自身も「本気ではなかった」と回想されている。

あくまで頭の体操の域を出ない話だったと思うが、こんな話が出るのも当時のアップルは経営が混乱して株価も低迷していたからだろう。ソニーだけでなくキヤノンやIBMも買収や合併を検討したという報道が出ていた。

アップルの低迷は1985年に共同創業者のスティーブ・ジョブズ氏が追放されてから始まったことはよく知られていることだ。そのジョブズ氏が1997年に復帰すると、あっという間に再生の階段を上っていった。その後の躍進はここで改めて語るまでもない。まさに経済史に残る劇的なターンアラウンドだと言えるだろう。

私がソニーの社長に就任した翌年のまだ再建が道半ばの頃に、ある著名英国人金融ジャーナリストがアメリカの金融サイトで「アップルは経営不振のソニーを買収してはどうか」というレポートを発表している。すっかり両社の立場が逆転してしまったと言いたかったのかもしれない。

経営を預かる身としては、両社はまったく違う会社なのでいちいち気に留めることはないが、このように何かと比較されることは多かったように思う。

ただ、アップルについては大いに学ぶべきことがあった。あれだけ瀕死といえる状態から再スタートしてもちゃんとしたマネジメントがリーダーシップを持って素晴らしい製品やサービスを提供できれば、再び輝きを取り戻せるという事実を示したことだ。

アップルの場合はジョブズ氏という強烈なカリスマ性を持ったリーダーが改革を断行した。私も、彼とはアップルを追放されている時期に商談で一度会ったことがある。全身からエネルギーがみなぎっている印象だった。丸眼鏡に黒のタートルネック、ジーンズというおなじみの姿でミーティングに現れ、少しでも気に入らないことがあれば鋭い眼光を向けて容赦なく相手に詰め寄る。「ああ、噂通りの人だな」と思ったことをよく覚えている。

「異見」を求む

「素晴らしい商品とサービスを追い求める」というジョブズ氏の信念は、私の言葉で言えば「KANDO」であり、この点の考え方は共通していると思う。しかし、彼と私とでは経営手法もターンアラウンドの方法論もまったく異なるだろう。

私はカリスマではないし、私一人では何もできない。

ソニーで痛みを伴うターンアラウンドを進めるためには、絶対的に信頼を置けるチームを作ることが不可欠だと考えた。異なるバックグラウンドを持ち、互いに違う強みを持つプロの集団を作ることで、ターンアラウンドというプロジェクトを完遂させる「打率」は劇的に向上する。

このことを私に教えてくれたのは、ソニー・コンピュータエンタテインメント・アメリカ（SCEA）の再建をともに走り抜けたアンディことアンドリュー・ハウスさんとジャック・トレットンさんのふたりだった。ソニー入社前に仙台で英語を教えた経験があり流暢な日本語も話すアンディはマーケティングのプロ。一方のジャックはセールスのプロだった。

音楽業界出身でまだソニーミュージックに籍を置いたままだった私にとって、ゲームビジネスは未知の世界だ。そこで戦ってきた経験を持つ彼らの意見は貴重だった。

例えば、ウォルマートやトイザらスといったアメリカの小売大手とどう付き合うか。基本中の基本からジャックに聞いたものだ。異業種からやって来て、足の引っ張り合いが横行する分裂寸前の状態だったSCEAを率いていく重責を担った私にとって、知らないことを素直に知らないと聞ける彼らは不可欠な存在だった。

「知ったかぶりはしない」という私のリーダーとしての哲学は、思えば彼らのような異分野のプロとの出会いから形成されたものなのかもしれない。そしてもうひとつ、私が大切にしてきた哲学がある。それは「異見を求める」である。

異見とは読んで字のごとく、異なる意見のことだ。どんなに優秀な人でも、あるビジネスのすべてを知り尽くすことなど不可能だ。たとえ何かの分野に精通している人でも、思いもしなかった新しい発想が、他の人の発言をヒントに浮かんでくるということは往々にしてあるのではないだろうか。

「異見を言ってくれるプロ」を探し出して自分の周囲に置くことは、リーダーとして不可欠な素養ではないかと思う。そのためには自分自身が周囲から「この人はちゃんと異見に耳を傾けてくれる」と思われるような信頼関係を築く必要がある。それと同時にリーダーが責任を取る覚悟があることを言葉に表して、また行動で示す必要がある。そうでなければ「異見」は集まらない。

アンディとジャックはまだ35歳だった私にそんなことを教えてくれた。

さらに言えば「異見を募る」という私の経営哲学の根底にあるのは、何度も太平洋を渡って移住を繰り返した幼少期の経験だったと思う。どこに行っても常に新しいカルチャーとの出会いが待っていて、それまでの土地で培った私なりの「意見」は通用しない。常に新しい見解、つまり「異見」を取り入れていかなければ順応できない。そして子供ながらに虚心坦懐に異見を取り入れてみると、必ず目に見える世界が少し広がるという経験を重ねてきた。そのたびに自分が成長できると実感できたのだ。

初めてニューヨーク・クイーンズのリフラックシティで隣の部屋に友達ができた時もそうだった。「ここは日本なんだ」と言われて日本式の学校教育に面食らった小学4年生の時もそう。ダイバーシティ（多様性）という言葉をそのまま体現したかのような国際基督教大学（ＩＣＵ）のキャンパスでの日々もそうだった。

異見を募り、それらを取り入れていくことは経営哲学という以前に私の人生の歩みそ

「出るクイ」を求む！

——SONYは人を生かす——

積極的に何かをやろうとする人は「やりすぎる」と叩かれたり、足をひっぱられたりする風潮があります。

たいへん残念なことです。

いいアイデアを育てる人はなかなかいませんが反対に、ダメだ ダメだとリクツをつけて、それをこわす人はたくさんいます。

しかし、私たちは、ソニーをつくったときから、逆にそういう"出るクイ"を認めてやってきました。

ソニーがつねに他に先駆けて個性的な新製品を出し、わずか二十年間に「SONY」を世界でもっとも有名なブランドの一つにすることができたのも、ひとつにはそのように独自な個性をもった社員を集め、その人たちの創造性を伸ばしてきたからだと思います。

ソニーはいま新製品「トリニトロン」カラーテレビを加えて、また一段と飛躍しようとしています。

ウデと意欲に燃えながら、既成のカベに頭を打ちつけている有能な人材が、われわれの戦列に参加してくださることを望みます。

昭和四十四年度　人材募集要項

ソニー株式会社　人事部

599　1.25朝日

「出るクイを求む！」とアピールした新聞の求人広告（1969年）

のものだったような気がする。

ソニーはかつて「出るクイを求む！」という新聞広告を出して異才を集めて成長してきた会社だ。1969年のことなので、ちょうど私がリフラックシティで最初の「異見」と直面していた頃のことだ。だから私は「出るクイを求む」を掲げていた頃のソニーは知らない。だが、おそらく意図するところは同じなのだろうと思う。

私に遠慮することなく異見をぶつけてくれる人。それも私とは違った能力を持つ本物のプロを見つけなければならない。そんな人材が、私のマネジメントチームには必要だった。

私には意中の人物がいた——。ソネット社長の吉田憲一郎さんだ。

スカウト

吉田さんは私よりひとつ年上で、1年早くソニーに入社している。ソニー・アメリカ駐在を経て証券業務部や財務部で経験を積み、出井伸之さんが社長の頃に社長室長を経験している。音楽とゲームを経てソニー本社の仕事に携わるようになった私とは違い、当時のソニーの中枢と言える部署を渡り歩いてきた人だ。

だが、社長室長を務めた後の2000年に自ら志願してソニーコミュニケーションネットワーク（ソネット）に出向している。ソネットはソニーグループにとって大切な子会社とはいえ、吉田さんは誰もが「本流」と思う部分から外れたのだ。それも自らの意思で。その後、2005年にソネットの社長に就任し、同じ年に東証マザーズに上場している（後に東証一部に変更）。つまり、自ら「傍流」へと飛び出し、そこで経営者としての経験を積んでいたのだ。それも40代半ばという比較的早い時期に。

その実績をたどるだけで、吉田さんが私とはまったく異なる道を歩んできたプロだということが分かるだろう。実際にそうだった。

吉田さんと初めて会ったのは、私がSCEとの兼務でネットワークプロダクツ&サービスグループ（NPSG）担当のEVP（エグゼクティブ・バイス・プレジデント）を任されていた頃のことだった。吉田さんが率いるソネットはNPSGにとって重要なパートナー会社にあたる。

その頃のNPSGのマネジメントチームで開いた食事会に、吉田さんも出席していた。吉田さんは会食のたびに「ソニーへの一考察」と題して、簡単なレジュメを持ってきてくれた。テーマはその時々だが、乾杯の前に吉田さんがその資料に即して我々にピッチをするのだ。

その話が毎回、驚くほどソニーの現状をシビアに捉えており、吉田さんが講じる対策についても説得力があった。最初は「この人は勉強熱心だな」と思う程度だったが、すぐに「これはただ者じゃないぞ」と考えるようになった。

そう思ったのは私だけではないようだ。後で聞いたところでは、私の前任者であるハワード も吉田さんの才覚には目を付けていて、ソネットから転じてソニーのマネジメントチームに加わってほしいと再三にわたって、依頼していたという。

吉田さんは首を縦に振らなかった。上場企業となったソネットをかじ取りする責任を重く感じていたのだろう。

２０１２年４月、私はハワードの後を継いで社長となった後、まもなくソネットの完全子会社化を決めた。ソネットは上場企業なのでソニーは市場から株を買い集めるＴＯＢを実施した。互いに上場企業であるためディールが完結するまでは慎重に慎重を重ねる必要があり、この間は吉田さんとの対話は控えざるを得ない。

「イエスマンにはなりません」

完全子会社化が完了すると、私は吉田さんにソニーのマネジメントチームに加わってもらえないかとお願いした。何度も話し合ったのを覚えている。

「吉田さんにはソニーに帰ってきてもらいたい。私と一緒にチームとして、パートナーとしてソニーの再建という仕事を一緒にさせてもらえないでしょうか」

こんな風に私なりの熱意を伝えたと記憶している。最初は「少し考えさせてほしい」という返事だった。ソニーの完全子会社となっても、吉田さんにはソネットのリーダーとしての役割があると考えたのだろう。責任感の強い吉田さんならそう思うだろうことは、私としても分かっていたことだ。

それでもこの人には来てもらわないといけないと思っていた。この人こそソニー再建という大役をまっとうするために不可欠な相棒なのだ。

それを確信したやりとりがあった。吉田さんは私にこう告げた。

「私はイエスマンにはなりません。好きなことを言わせてもらいますが、それでもいいですか」

「もちろんです。私の方こそそれをお願いしたい」

吉田さんは財務に明るく、すでにソネットという会社を率いてきただけに経営者として十分な経験がある。私とは違う力を持ったプロというわけだ。ただ、それ以上にこの時のやりとりを通じて「この人は異見を言ってくれる人だ」と実感したのだ。それをストレートに伝えた。

「私は意見も異見も聞きます。異なる見解の異見です。それに、これからやらないといけないことはいっぱいあります。苦しい決断もしなければいけないでしょう。ただ、ひとつだけお約束するのは、私は一度決めたら絶対にやり抜くということです。途中でハシゴを外したりはしません。絶対に退きません」

こんな言葉を、吉田さんにぶつけた。

吉田さんは私がソニー復帰を打診した際のやりとりの中で「ソニーには恩返しをしないといけない」とつぶやいたことがある。本社を離れてソネットで一国一城を築いたとはいえ、「ソニーはこんなはずじゃない」という思いを持っていることが伝わってきた。ハワードからのソニー復帰の打診を断りながらも、「一考察」として古巣の改善策を我々にぶつけてきた背景には、吉田さんなりの思いがあったのだろう。

こんなやりとりを経て、私は相棒を得た。私がソニーの社長となって1年余り後の2013年12月のことだ。吉田さんには執行役EVPデピュティCFO（最高財務責任者）&CSO（最高戦略責任者）となってもらったが、すぐにCFOとなってもらった。CFOは文字通り財務の責任者だが、吉田さんは財務にとどまらず私のソニー・ターンアラウンド計画の相棒としてその辣腕を振るってもらうことになった。

私が幸運だと思ったのは、吉田さんの相棒も一緒に連れてこれたことだ。それが十時裕樹さんだ。十時さんは山一證券出身の石井茂さんとともにソニー銀行を創業したメンバーのひとりだ。それまで多くの接点はなかったが、ソニーグループでは有名な人だった。

その後にソネットに転じて吉田さんの右腕として活躍してきた。こちらも私とはまったく異なる分野を歩んできたプロだ。それもただの腹心ではなく吉田さんに対してモノが言える人だという噂はかねがね聞いていた。つまり、異見を言える人ということだ。

私は2018年に社長を退任して後任を吉田さんに託したが、その吉田さんがCFOに任命したのが十時さんだった。ちょうど私が吉田さんに全幅の信頼を置いてCFOとして活躍してもらったように、吉田さんもまた十時さんに同じような役割を期待したのだと思う。吉田さんがそれほど信頼している人までマネジメントチームに迎えることができたのは、私にとっては幸運としか言いようがない。

十時さんにはSVP（シニア・バイス・プレジデント）として事業戦略とコーポレートディベロップメント、そしてトランスフォーメーションを担当してもらった。つまり、ソニー再建の参謀役である。その後には懸案でもあったモバイル事業の再建にもあたってもらうことになった。

主張は食い違ってこそ

2週間に一度くらいのペースで開く定例ミーティングで、吉田さんが私のオフィスに来て色々なプロジェクトの進捗などを報告してくれるのだが、その中で互いに異見をぶつけ合った。

今振り返ってみると、結局のところ吉田さんとは意見が割れることはあまり多くなかったように思うが、一度、互いの主張が真っ向から食い違ったことがあった。それがアメリカでのエレクトロニクス事業の戦略だった。

ソニーにとって最大のライバルであるサムスンが２０１３年からベストバイと組んで始めた取り組みが「ショップ・イン・ショップ」と呼ばれるものだった。ベストバイの店舗内にサムスンの商品だけを扱うエリアを作って、他のメーカーよりも断然目立つように展示するというものだった。

これをソニーもやるか否か――。

私の意見は「やるべし」だった。一方、吉田さんは「やるべきではない」。ベストバイの店舗内とはいえ専用エリアを作るにはそれなりの投資額が必要になる。ちょっとした「ソニーコーナー」を作るのではなく、ショップ・イン・ショップの名の通り、店舗の中に別の店舗を作ることになるからだ。

吉田さんの意見は、費用対効果を考えると不確定要素が多いというものだった。確かに、それでテレビやデジカメがどれだけ売れるのかは、やってみないと分からない。特にテレビは再建のまっただ中。当時は２０１４年になったばかりで、黒字化が達成できるかどうかの瀬戸際というタイミングだった。

私の主張の方が直感的なもので、正直に言えば吉田さんの言うことの方が正論だったと思う。

結論から言えば、この時は私が押し切った。

当時はアメリカで家電の小売店が次々と縮小に追い込まれていた時期にあたる。サーキット・シティやコンプＵＳＡ、ラジオシャックといった専門店が次々に経営破綻へと追い込まれ、シアーズなども苦境が伝えられていた。いわゆる「アマゾン・エフェクト」の波がアメリカの流通大手を襲っていたのだ。

その中でベストバイは数少ない生き残りだった。つまり、アメリカで家電を売るならベストバイは外せない。たとえサムスンの後追いであっても、ここでショップ・イン・ショップに投資しなければ、ベストバイとしてみれば「ソニーはうちのことは後回しなんですね」となってしまう。

さらに言えば、この頃はＫＡＮＤＯを体現する製品がようやく生まれつつあった時期だった。私はよく音楽業界の経験から「商品がスターだ」と言うのだが、エンジニアたちが誇りを持って世に送り出した商品を輝かせるためには、棚や置き位置、ライトの光

ベストバイの「ショップ・イン・ショップ」の様子

の当て方までもこちらが演出できるショップ・イン・ショップは、まさにうってつけだと思えた。

とりわけ気になったのは、商品から延びるケーブル類だ。雑な展示の仕方をする店舗だと、ケーブルが目に入るだけでなく、何本も絡み合うようにして延びている場合もある。これではデザイナーたちが考え抜いて創った商品のかっこよさが台無しだ。自宅にどうセットすれば商品が見栄え良くなるのか。その「見本」を示すことも我々の仕事ではないだろうか。ショップ・イン・ショップならそういったディテールの部分までこだわりを貫けることも、KAN

DOを提唱する我々にとっては重要なことだと考えた。

ソニーにとって商品は、ステージに上がるアーティストと同じように輝かせなければならないものなのだ。

吉田さんには異見をぶつけてくれたことに感謝しつつ、「それでもこれはやるから」と言って押し切った。重要なのは「責任は私が取る」と明言することだ。

吉田さんが素晴らしいと思うのは、互いに異見をぶつけ合った結果、一度やると決めてしまえば躊躇(ちゅうちょ)なく実行に移してしまうことだ。主張は食い違ってこそ止揚する。「解」を見つけたなら、先送りなどせずにすぐに実行あるのみである。

異見を求める心がけ

ものごとを決めていく過程で互いに異見をぶつけ合うこと、そしてそれができる雰囲気を作ることは、私にとってはマネジメントチームを運営する上での大原則となる。その前提になる心がけが三つある。

第一に、リーダーはまずは聞き役に徹すること。私は会議ではなるべく発言しないようにしていた。特に冒頭はなるべく発言しない。最初は「この人はエレクトロニクスのことが分からないから話さないのかな」と思われたようだが、そんなことはお構いなしだ。私は分からないことがあれば正直に分からないと言う。それより冒頭で発言を控えるのは、リーダーの立場にある人間が話し始めると、その場にいる人たちがどうしても聞き役に回ってしまうからだ。リーダーが発言しないと、時にはシーンとして妙な空気になるが「間」を恐れず、まずは異見が言いやすい雰囲気を作ることが先決だ。そのためにはリーダーは黙ることも必要なのだ。

第二に、期限を区切ること。私は結論の出ない会議というものが嫌いなのだが、一度の会議で結論が出ないこともある。そんな場合は「いつまでに何をアップデートする」と、その場でしっかりと決めてしまうことだ。

第三に、これがリーダーの役割になるのだが、最後はリーダー自身の口で方向性を決めること。そして、一度決めたらぶれないこと。「私が責任を持つ」とストレートに伝えることだ。

特に最初の頃は意識してちゃんと言葉にして「責任を持つ」ということを伝えなければならない。突き詰めて言えばリーダーの役割とは方向性を決めることと、それに対して責任を持つことになる。「この人は一度決めたら途中でハシゴを外したりしない」と

筆者の社長時代を支えた「チーム平井」の面々

思われない限り、誰も異見なんて言ってくれはしないというものだ。

責任を持つのはリーダーだが、「一度決めたら後になって蒸し返さない」ということはリーダーだけでなくその場にいるマネジメントチームの全員で共有する必要があると思う。

あれは確か、社長に就任する直前の会議だったと思う。私は新しいマネジメントチームの面々にこう訴えかけた。

「後になって『本当はあの時、私は違うと思った』と言うのはなしにしてほしい。違うと思うなら、今そう言ってください」

吉田さんや十時さん、今村さんや高木さんといったマネジメントチームのメンバーからそんな「後出しジャンケン」のような言葉が漏れることは、ついぞなかった。

苦渋の事業売却

２０１４年2月、我々は大きな決断を下すことになった。赤字が続くエレクトロニクス部門のテコ入れとしてパソコン事業の売却とテレビ事業の分社を決めたのだ。これに伴い５０００人の人員を追加で削減することになった。

とりわけ注目を集めたのが「ＶＡＩＯ」のパソコン事業の売却だった。事業の存続に向けて検討を重ねてきたが、残念ながら当時の状況ではいかんともしがたいという結論となった。やはりＯＳ（基本ソフト）と半導体というパソコンの性能を決める二大要素を他社からの調達に頼っているということで、テレビのような差異化は難しいと判断した。

もちろん議論の中では多くの異見も出た。一般ユーザー向けではなくもっとプロ寄りのハイスペック商品に特化してはどうかという案も検討した。吉田さんとも何度も議論を重ねたが、最終的にはやはりソニーとして事業を継続するのは難しいという決断に至った。

ＶＡＩＯがソニーの歴史を彩る商品であることは、私もよく理解しているつもりだ。

実はソニーは１９８０年代に一度、「Ｈ·ｉＴＢ·ｉＴ」というパソコンを発売したのだが、販売が低迷して撤退していた。１９９０年代に入ってインターネットが広がり、パソコンが一気に普及し始めると再参入を検討した。

後発となるため他社にないものを追求した結果、ソニーが強みを持つＡＶ（音響・映像）とコンピュータの融合という、当時としては画期的なアイデアで生み出されたのがＶＡＩＯだ。ＶＡＩＯは「Video Audio Integrated Operation」の略である（後に改称）。このコンセプトと、なによりソニーが誇る音響と映像の技術が、すでにレッドオーシャンとなりつつあったかに見えたパソコン市場で違いを生み出し、ＶＡＩＯは瞬く間にソニーの主力事業にまで成長した。

そんな看板商品を、こともあろうに「エレクトロニクスを知らない社長」が売ってしまう。これには各方面から痛烈な批判が寄せられた。ある雑誌には「ソニー消滅！　尽き果てる〝延命経営〟」という衝撃的なタイトルの特集が掲載された。残念ながらソニーを去ってもらうことになった方々の証言を集めた連載が組まれたこともあった。

事業の売却に対し、メディアから批判的なトーンの記事が出ることは織り込み済みである。しかし、個人的にこたえたのがこの夏のことだった。

前述したように私は厚木テクノロジーセンターで毎年開かれる夏祭りには足を運ぶようにしていた。エンジニアたちの生の声を聞くためだ。この年も参加していた。ビールを持って乾杯すると、家族連れの社員が声をかけてきた。

「平井さん。記念に一緒に写真を撮らせてもらっていいですか」

「もちろん！」

そこまでは良かったがこの社員がなんと、こう告げてきた。

「実は僕はバッテリーの開発をやっているんです。つまり、売却されてしまう対象なんですよ」

これには二の句を継げなかった。どんな思いで「リストラ」を決めた当事者に記念撮影をお願いしてきたのか。その社員と家族の表情が、今でも目に浮かぶ。

リチウムイオン電池はソニーが世界に先駆けて開発した「技術のソニー」の象徴のような事業だった。もちろんパソコンにも使っている。ただ、パソコンと同様にコモディティ化の流れが著しく、韓国や中国のメーカーが台頭するようになっていた。電池事業が培ってきた技術と人材を活かし、将来にわたってより一層発展していくためのもっとも望ましい道とは何か。大変難しい判断だったが、最終的には村田製作所への売却で合意に至った。

この社員も、ソニーが世界で初めて実用化した事業に携わっていたことを誇りにしていたことだろう。ＶＡＩＯの社員たちも「他社の後追い」とか「なぜいまさら」と言われながら、レッドオーシャンに切り込み、いかにもソニーらしい「違い」を見事に生み出したことを誇りに思っていたはずだ。

そんなエンジニアの矜持は、ソニーグループの一員である私にとっても大いなる誇りである。だからこそ、ズシリと胸に響くものがある。誰だってこんな決断はしたくない。でも、私がやらないとまた先延ばしである。ソニーのかじ取りを任された身として、それは許されることではない。

私はよく「平井はエレクトロニクスを知らない〝外〟から来た人間だから冷徹な判断を下せるんだ」と批判を受けたが、心が痛まないはずがない。自分が下す判断の一つひとつが社員とその家族の人生を大きく左右するものであることは常々肝に銘じているつもりだ。

それでも面と向かって「あなたに切られたんです」と言われると、これはもうリストラの決断を経験した経営者でないと理解できないほど胸に突き刺さるものがある。

この社員にはこれまでの貢献に対する感謝の気持ちをストレートに伝えた。なぜこういう判断に至ったのか、その経緯をもう一度説明した。それでどうなるというものでもないが、それが私なりの社員への礼儀だと考えた。

パソコン事業の売却先である日本産業パートナーズには、社員の処遇を約束してもらうことを売却の前提条件として交渉に入った。ちなみに他にも売却先の候補はあったのだが、社員の処遇を確約できない会社とは最初から話はしないというスタンスを貫いていた。それでもソニーから離れる社員の不安ははかりしれないだろう。

ＶＡＩＯはその後、工場のある長野県安曇野市に本社を置くＶＡＩＯ株式会社として事業を存続している。存続しているどころかわずか2年で黒字化に成功し、現在も成長を続けているという。まさに売却を決めた私たちを見返すような活躍ぶりだ。

繰り返しになるが心が痛むからこそ、つらい決断を先送りにしてはいけないのだ。ソニーの経営を預かるリーダーとして一度決めたことは、この道が正しいと判断したことは何があっても最後までやり抜く。

言い訳や愚痴はなし。経営者は結果を出さなければならない。なんと言われても結果を出さなければならない。それが私に与えられた役目なのだ。

ノスタルジーとの決別

ソニーは戦後間もない1946年5月7日に東京通信工業として生まれた。窓ガラスもない粗末な建物から始まり、最初は壊れたラジオの修理をしていたという。おひつにアルミ電極を取り付けた電気炊飯器を作ってみたり、電気ざぶとんを売り出してみたりしていたが、1950年に初の国産テープレコーダーを開発したことで音響機器メーカーとしての第一歩を踏み出した。その後の成長はこれまでにも触れた通りだ。

その歴史の中で主力事業と目されるまでに成長した事業を売却するのは、実はVAIOが初めてだった。ここまでのビジネスに育て上げるには、当然ながら多くの方々のエネルギーが注ぎ込まれている。まさに先人たちの努力の結晶だ。

そんな思いが詰まったVAIOを売却してしまった後、私のもとにはOBの皆さんから様々な「忠告」が届くようになった。書状でいただくこともあれば、面会を求められることもあった。

正直に言おう――。当初はこのような面会の要求はすべてお断りしていた。一切無視していたのだ。書状には少し目を通すこともあったが、書かれていることはひと言で言ってしまえば「昔は良かった」とか「エレクトロニクスを軽視する経営はけしからん」という類いの内容ばかりだった。

いまさらそんなことを言われてもノスタルジーでしかない。その中には私を含む経営陣の退任を迫るものもあった。OBの中には直接会社に来られる方もいたが、私は基本的に会わないことにしていた。言葉は悪いかもしれないが、「そんなノスタルジーがソニーを今のような会社にしてしまったんじゃないか」とさえ思ったことがある。

後々、ある方からの忠告もあり、少し考え直してOBの方々のご意見も聞くようになった。お話を伺うと、ソニー創業期の経営者の心がけや知恵など、ソニーの歴史の重みと敬意を感じた。ただ、私が目指すべきソニーのターンアラウンドの方向性は少しも変わらなかった。

ソニーを日本が誇る世界的な企業に育て上げてきた先達の方々の努力には最大限の敬意を持っているつもりだ。この言葉には偽りはない。だが時として偉大な成功は、その後の成長を阻害する要因にもなりうる。今の経営の方向性は現役の経営者が決めるべきだ。

私が新入社員の頃にはソニーはすでにエレクトロニクスのグローバル・カンパニーと

して羽ばたいていた。日本の産業界を代表する成功体験である。だが、時代は変わっていた。いつまでも「ウォークマンを生み出したソニーであれ」では通用しない。

なにもエレクトロニクスで築いた成功体験をすべて否定する気などない。実際、先人が築いた多くの資産を受け継いで、お客様にＫＡＮＤＯを届けられる製品やサービスの開発を目指していったつもりだ。良い伝統は残しつつ、次の時代に向かうために変えなければならないところは変えなければならない。ただ、それだけだ。

主役は私ではなく現場で知恵を絞っている社員たちだ。私がすべきは彼ら彼女らに方向性を示し、その責任を取ること。その花が咲くまでには、まだもう少しの時間が必要だった。

第6章

新たな息吹

ソニー再生

変革を成し遂げた「異端のリーダーシップ」

映画ビジネスの構造変化

私は「座右の銘は何か」と聞かれれば「Where there is will, there is a way」と答える。「意志あるところに道が開ける」というのが、私の信念だ。

特に海外の起業家と話していると、そのビジョンを実現していくスピード感に圧倒されることが多い。

かつてサンバレー会議に参加した際、友人でもあるネットフリックス創業者のリード・ヘイスティングスさんに早朝の散歩に誘われたことがある。

同社が「さあ、これから海外展開をしかけていくぞ」というステージで、リードは日本への進出を考えていると打ち明け、私にアドバイスを求めてきた。

「日本は特殊なマーケットだよ。私の音楽ビジネスでの経験から言えば、日本ではローカル・コンテンツがすごく大切になってくると思う。アメリカの映画やドラマだけで押し切ろうと思っても、そうはいかないんじゃないかな」

こんな風に助言したことを記憶している。日本が特殊な市場であることはリードも理解していたと思う。ただ、リードは深くうなずきながら私の言葉を聞いていた。

この時、リードはソニーに提携を持ちかけてきたわけではない。あくまで友人同士としてアドバイスを求められたので、私も率直に答えた。ただ、結果的にソニー・ピクチャーズエンタテインメントはネットフリックスにコンテンツを提供することになり、ネットフリックスは2015年に日本への進出も果たしている。その時の一気呵成に攻め立てるようなスピード感には、さすがだなと思わされたものだ。


ネットフリックスをはじめアマゾンやHuluなどインターネットでの動画コンテンツ配信サービスは、映画会社のあり方を変えた。もちろん視聴者が観たいと思うような面白い映画を作るという点では、何も変わらない。その一方で、映像コンテンツの資産としての価値が変わった。それはビジネスモデルの大転換を意味する。

映画を劇場の大スクリーンで楽しむことの価値はなんら変わらないだろう。私も大好きだ。小学生の時に父に連れて行ってもらった映画館でスタンリー・キューブリック監督の「2001年宇宙の旅」を観た時の感動は、今でも鮮明に覚えている。この映画はその後も何十回と観てきた。

そこに「タイムシフト」という新しい価値を付加したのが家庭用VTRである。後に

ＤＶＤやブルーレイが普及し、家庭にいても液晶の大型テレビで迫力のある映像を楽しめるようになると、映像資産の価値は高まっていった。

その次にやって来たのが、インターネットによる映像配信の時代である。すると何が起きるか。ブルーレイやＤＶＤのパッケージ販売ビジネスの収益力がみるみると落ち始めたのだ。

ソニーの映画事業は１９８９年に買収したコロンビア・ピクチャーズ・エンターテインメントが原点にある。膨大な映画作品の資産はブルーレイやＤＶＤとなってソニー全体の収益を支えていた時期もあったが、映像メディアそのものを取り巻く大転換にあって、パッケージ販売が持つ収益力を見直さざるを得なくなった。

この時、我々は初めてコロンビアを買収した時点の営業権の価値を見直した。すると、なんと１１２１億円もの減損処理を迫られたのだ。２０１７年１月末、我々はこの巨額の損失を計上することを公表した。ようやく懸案だったエレクトロニクス事業が黒字に転換した直後のことだった。

「東京をお任せする」

一難去ってまた一難である。

ただ、この時はやるべきことが明確だった。ネット配信という新たな時代に即したビジネスモデルへの転換だ。ソニー・ピクチャーズが持つ素晴らしいコンテンツの力をどうインターネットの時代に発揮させるか。ネットフリックスはライバルではなくパートナーと考えるべきだ。

それに、私にとって大きかったのが、この時点ですでにマネジメントチームの体制が整っていたことだ。私は相棒の吉田さんに率直に告げた。

「ここは私がピクチャーズに乗り込んで立て直さないといけない。半年間、アメリカに行ってきます。その間、吉田さんに東京をお任せしたい」

つまり、社長でありCEOである私がロサンゼルスのソニー・ピクチャーズの再建に専念し、その間はソニーの経営を実質的に吉田さんに預けてしまうということだ。

外から見ると、「なんと大胆な」と思われるかもしれない。経営トップが本社を不在にしてしまうのだ。だが、私には不安はみじんもなかった。この時点で吉田さんをマネジメントチームに迎え入れてから3年余り。吉田さんには絶対の信頼を置いていたし、役割分担も明確にできているという自信が、私にはあった。

吉田さんの答えもあっさりしたものだった。

「分かりました。東京は私に任せてください」

こうして私はソニー・ピクチャーズの本社があるロサンゼルスのカルバーシティに常駐することになった。私はビバリーヒルズに家具付きのマンションを借り、家族が住むサンフランシスコ郊外からクルマを運転して引っ越すことになった。

そこから平日はビバリーヒルズからカルバーシティへと通い、週末はフォスターシティで過ごす生活が始まった。東京にはたまに出張する程度である。

アンソニー・ヴィンシクエラさんを迎えたソニー・ピクチャーズでのタウンホールミーティング

結論から言えば、意外と早くに東京に戻ってこられるようなった。

ソニー・ピクチャーズのCEOから退任したマイケル・リントンさんの後任として、CBSテレビやフォックスなどで経験を積んだアンソニー・ヴィンシクエラさんをスカウトすることができたからだ。

ソニー再建の道筋が見えた時点での1000億円を超える減損処理は、確かに痛手だった。だが、パッケージソフトの売り切り型からネット配信によるリカーリング（継続課金）型への転換は、ゲームなども含めてソニーにとっては新しい時代のビジネスモデルの確立という意味では非常に意義が大きかったと思う。

ソニーのDNA

やや話は前後するが、2014年にテレビ事業の分社とパソコン事業の売却を決めると、「量から質へ」の転換を全社レベルで進めることに着手した。その姿勢を鮮明に打ち出したのが、2015年2月に発表した第二次中期経営計画だった。

これまでの第一次中期経営計画との最大の違いは売上高を目標に掲げることをやめたということだ。売上高を数値目標に掲げてしまうと、どうしても全社的に規模の拡大を追い求めることが目的化してしまう。これではいつか来た道を再びたどりかねない。我々が目指すのは規模の拡大ではなく質の追求であることを、内外に示す必要があった。

そこで売上高の代わりに指標として掲げたのがＲＯＥ（自己資本利益率）だった。株主から預かったお金（自己資本）をいかに効率よく使っているかを示す数字だ。我々は3年後に「10％以上のＲＯＥを目指す」ことを指標に掲げた。そのために必要になるのが５０００億円以上の営業利益だった。

ＲＯＥを経営指標とすることは、吉田さんのチームからの発案だった。財務に明るい吉田さんは以前からもっと株主の視点を意識する姿勢を示すべきだと主張していたのだが、ソニー全体としてこの方針を貫こうということになったのだ。

吉田さんの言葉を借りれば、「ソニーの経営の目標が『ＫＡＮＤＯ』の創出にあるなら、ＲＯＥは経営の規律である」ということになる。

ここで重要なのは、「ＲＯＥ10％以上」はあくまで「経営指標」であるということだ。目的ではない。目的はあくまでお客様にとって「ＫＡＮＤＯ」のある商品やサービスを提供し続けることだ。

この点は誤解されることが多かったと思う。「ＲＯＥを目標に掲げるのは投資家への受けはいいかもしれないけど、それでイノベーションが生まれてくるのか」といった批判も受けることが多かった。

だが、ROEは目標値ではあるがあくまで指標であり、吉田さんの言葉で言えば「規律を示す数値」なのだ。少なくとも規模を追い求めて達成できるという指標ではない。あくまで効率を示すものだ。そこをしっかりと組織に浸透させなければ再び売上高や販売台数のような目先の規模拡大を追うことになり、本末転倒になってしまう。

本書では度々、ソニーの前身である東京通信工業の設立趣意書に記された文言を紹介してきた。会社設立の目的の第一項に書かれた「愉快ナル理想工場ノ建設」を何度か引用してきたが、実はこの趣意書の「経営方針」の第一項には「いたずらに規模の大を追わず」と記されている。

つまり「量より質」は、もともとソニーがDNAとして受け継いできたものなのだ。我々はその理念を再現しただけだ。だが、ソニーはどこかで「いたずらに規模の大を追わず」の精神を忘れてしまっていた。我々は危機を乗り越えようとするプロセスでその大切さに気づき、もう一度取り戻そうとしたのだ。

全事業分社の狙い

話を戻そう。会社全体として規律を働かせるだけでなく、個別の事業についても透明性を高める必要がある。そこで打ち出したのが、全事業を分社する方針だった。すでにテレビ事業は分社していたが、これを全社に広げる。テレビならテレビ、ビデオ&サウンドならビデオ&サウンドに特化してまずは身軽になってもらおうというわけだ。

分社した上で各事業（各社）ごとに、資本を有効に活用できているかどうかを示すROIC（投下資本利益率）の目標値を設定する。分社する理由のひとつに、この目標値が事業によって異なるという事情がある。見方を変えれば、会社全体として一律に売上高と利益の増大を目指すべきではないということだ。

こうした判断の背景には、幅広い事業を手掛けるソニーグループの中で、置かれた状況は事業によってかなりの違いがある、という現実があった。そこで我々は全事業を3つのグループに分けて考えることにした。

第一に「成長牽引（けんいん）領域」。これは文字通り、ソニー全体の成長を牽引していく事業だ。

デバイス、ゲーム、映画、音楽がこれにあたる。この成長牽引領域には積極的に資本を投下していく。つまり重点的に成長投資を続けていく。

第二に「安定収益領域」。デジタルカメラなどのイメージングプロダクツやビデオ&サウンド事業。市場全体では成長が見込みにくいが、KANDOの追求によってコモディティ商品とは一線を画す。他社との違いをとことん追求していくべき領域だ。

第三に「事業変動リスクコントロール領域」。やや分かりにくい名称だが、「安定収益領域」と比べても価格競争が厳しい領域で、こちらは投下資本を抑えながら利益の確保を目指す。いち早く分社したテレビやモバイルを、この領域に指定した。かつての「エレクトロニクスのソニー」の顔でもあったテレビは、ソニー全体で見れば残念ながら資本投下を抑えなければならないビジネスになってしまったと判断せざるを得なかった。

事業ごとに分社してそれぞれに異なる財務目標を課す。こうして本社とは離れて各事業が自分たちで責任を持ち、それぞれの経営指標をもとにそれぞれのアプローチで成長をはかる。そんなグループの構築を目指したのだった。

言い換えれば、ソニー本社は経営企画や一部の管理部門、R&D部門だけを残すことになり、いわゆる「小さな本社」を志向することとなった。これもまた、吉田さんが主張してきたことだった。

少し話が飛ぶが、この時から3年後に私はソニーの指名委員会に社長兼CEOの後任として吉田さんを推薦することになる。吉田さんとはソニーの大きな改革について考え抜き、実行に移す時には、常に議論をぶつけ合い異論を戦わせてきた。二人三脚で一緒に仕事をしてきた仲だ。私としては後任を託すべきは彼しかいないと思ったのだが、それもご理解いただけると思う。

未完のモバイル改革

ここまで「KANDOの追求」や「痛みを伴う改革」、そして「量から質へ」といったキーワードで我々が進めてきたソニーのターンアラウンドについて振り返ってきたが、もちろんすべてが思い描いた通りに進んだわけではない。

経営改革に終わりはない。次の世代に託したことを挙げ始めれば色々とあるが、ひとつ挙げるならモバイル事業だ。

先述の通り、資本投下を抑制する事業変動リスクコントロール領域に分類したが、実は2012年に私が社長に就任した翌週に発表した経営方針の中で、モバイルは「強化していくコア事業」に位置づけていた。当時はサムスンとアップルに続くシェア3位の座を狙い、モバイル事業で売上高1兆8000億円の目標を掲げていた。

ソニーが持つデジタルイメージング技術や、ゲームや音楽といったコンテンツの力などを融合させてテコ入れをはかり、「ワン・ソニー」を象徴するような事業として育てていく青写真を描いていた。

かつてスウェーデンのエリクソンと協業したいわゆるフィーチャーフォンの時代はそれなりの存在感を示していたが、日本でもスマートフォンの普及が始まり差異化が難しくなってくるとじりじりとシェアを落とし始めた。

2015年2月にモバイルを事業変動リスクコントロール領域に指定する3カ月前、ソニーモバイルの再建を託したのが、吉田さんと一緒にソネットからソニーに帰ってきてくれた十時裕樹さんだった。十時さんにお願いしたのは、一にも二にもモバイル事業の黒字化だった。

十時さんはソニーが誇る技術を持ち寄って高級化路線を進め、中国の小米（シャオミ）やファーウェイ（華為技術）の台頭で加速するスマートフォンのコモディティ化の流れからは一線を画そうとした。

例えば、2016年に発売した「Xperia（エクスペリア）X」では被写体の動きを先読みしてピントを合わせる技術を搭載したり、イヤホンやプロジェクターなどユーザーに新しい体験を提供する商品群を提案したりした。

ただ、それでもなかなか「違い」を明確に打ち出すのは難しく、もがき続けてきた。モバイルに関してはテレビと同様、「売らないのか」「撤退しないのか」とアナリストやメディアからことあるごとに問われてきた。

なかなかシェア回復の道筋が見えない中で、それでもモバイル事業を持ち続けることにこだわったのは、このビジネスを一度手放してしまうと再参入が難しいと判断したからだ。

これはよく使うたとえ話なのだが、地球の反対側にいる人とでもテレパシーでコミュニケーションができてしまうような時代になるまでは（そんな時代が来るかどうかは分からないが）、我々はなんらかのモノを介してコミュニケーションするはずだ。そして人と人とのコミュニケーションがなくなることはない。そう考えればモバイルは普遍的なビジネスと言えるだろう。

そのモノの形が今のスマートフォンのようなものとは限らない。10年後や20年後には、おそらくまったく違うものになっているだろう。だが、それがコミュニケーション・ツールであることに違いはない。そこにつながる技術や資産を、ソニーは現在のモバイル事業という形で持っているのに、現状が苦しいからといって撤退してしまっていいのだろうか。普遍的なビジネスということは言葉を換えればビッグ・ビジネスだ。そこから撤退してしまっていいのだろうか。

それに歴史をひもとけば、モバイルコミュニケーションはビジネスモデルがどこかの時点でガラッと変わり、そのたびにリーダーも入れ替わってきた。初期のケータイではモトローラやノキア、エリクソンが業界を支配し、1990年代末に日本でｉモードが生まれるとケータイはデータ通信機能を持つことになった。ところが2007年にアップルがｉＰｈｏｎｅを投入するとスティーブ・ジョブズ氏が「電話を再発明する」と語った通り、この業界の勢力地図がごく短期間で塗り替えられてしまった。

次に何が来るか。どんなビジネスモデルの大転換がやってくるのか。正直、そこまでは見通せない。ただ、この業界に居続けてアンテナを張り続けている限り、次のパラダイムシフトの到来をいち早く捉えて自分たちがそのリーダーになるチャンスは、少なくとも撤退してしまうよりは大きいだろう。そのチャンスを狙う価値はあるのではないか。

なかなかシェアが伸びず赤字が続くという目の前の状況だけを見て、そのチャンスを自ら捨ててしまうのは違うんじゃないかというのが私の判断だった。

「次の芽」を育ててこそ

私がソニーのかじ取りを託された際、ソニーは4年連続の赤字と苦しんでいた。エレクトロニクスの中核でありソニーの看板であるテレビはその時点で8年連続の赤字。従って、ここまで述べてきた通り、ソニーのトップとして私に課せられた最大のミッションは、すっかり覇気を失ったように見えていたこの会社のターンアラウンドだった。

吉田さんをはじめ、異見をぶつけ合えるメンバーに恵まれ、なんとかその道筋も見えてきた。2015年度からは業績的にも黒字が定着した。

ただ、ターンアラウンドという仕事は、痛みを伴う構造改革やその結果となる目先の黒字化だけがゴールではない。「より良いソニーを次世代に残す」ことがマネジメントチームの共通の思いだ。

長期的なソニーの成長のための技術資産、ブランド、お客様からの信頼、人材、それらが継続して育つような組織文化を残すのが私たちの最も大事な仕事だと考えているし、将来に花を咲かせるための種をまき、その芽を育ててこそ真のターンアラウンドになりうる。

そもそも私が真っ先に社員たちに訴えかけてきたのが、「KANDOを創り出す会社になろう」ということだった。新聞などで大々的に報じられる事業売却や人員削減などの構造改革は、それを実現するための手段でしかない。

苦しい時期には設備投資を絞ることはあったが、研究開発費は一定の水準を保つようにしてきた。お客様にKANDOを提供する製品を生み出すためには、やはりそれに見合った投資が必要になる。そしてお客様に感動をもたらすような製品やサービスが生まれてくる会社になり、いつかそれが収益に結びついてはじめてターンアラウンドは完結したと言えるだろう。

私もそんな未来の事業の芽を育てるために私が力を入れた取り組みについて、少し紙面を割いて3つ紹介したい。

TS事業準備室

社長就任直後の2012年6月。当時のR&D担当役員の鈴木智行(すずきともゆき)さんが主催する

「R&Dオープンハウス」を見学するため、厚木を訪れた。まだ製品になっていない様々なR&D技術を、実際に開発しているエンジニアが直接紹介してくれる場だ。活気あふれる会場には見たことがないような技術デモが並んでいて、まさしく宝の山に思えた。その中のとある展示に目が留まった。「4K超短焦点プロジェクター」だった。

現場のエンジニアに質問すると、目を輝かせて説明してくれた。普通、プロジェクターで大きな映像を投影しようとすると、壁から離れた位置の天井などに設置する必要がある。しかし、このデモでは大きな壁の真下に機材が設置してあり、そこからほぼ垂直の上向きに映像が投影されている。歪みも見事に補正されており、正面から見ると綺麗な長方形だった。「今見ている映像でどのくらいの大きさなの?」と聞くと、約100インチの大画面で4Kクオリティだというのだ。エンジニアが誇らしげに説明してくれた後、親分である鈴木さんも「これ、すごいでしょう。なんとか製品として発売したいんですよね」とこちらも目を輝かせている。私としてもあっと驚く技術だった。

当時、このような冒険的な商品を発売するような機運はまったくなかった。だが、私はこれこそがソニーだと思った。数カ月後、さらに改良されたというのでまた厚木に行って見せてもらったが、商品化はどの事業部からも断られているという。ならばこれは社長自らが動いて商品化しなければならないのではないか。

私のスタッフであるCEO室が音頭をとり、事業部とは別ラインで商品化するための仕組みと人材を数カ月かけて整え、「TS事業準備室」が発足した。2013年3月のことだった。伝統的な商品カテゴリに収まらない、冒険的な商品を生み出すことがミッションだ。

TS事業準備室は既存の組織には属さず、社長直轄にした。社長直轄で守らないとこのような新しい取り組みは立ち上がらないと思ったからだ。室長には、カメラ事業出身で、当時はタイの製造事業所長をしていた手代木英彦さんに白羽の矢を立て、急遽東京に戻ってもらった。立ち上げメンバーには、少数精鋭ながらも全社から様々なバックラウンドの人材を集めた。

以後、社長直轄のプロジェクトとして、私自身が毎月メンバーとの会議で進捗を聞き、意見も押し付けない程度に伝えるようにしたが、基本はメンバーのクリエイティビティを尊重し、私はこのプロジェクトを後押しする立場に徹した。

年末近くになり、「Life Space UX（ライフスペースUX）」というコンセプトを提案してくれた。TS事業準備室で提案する商品は、お客様の生活する空間（Life Space）の中にスタイリッシュな形で自然に溶け込み、ハードウェアの箱そのものではなく、それを通じて得られる豊かな体験（User Experience）をお届けする、という考

壁際に置くだけでリビングの壁に最大147インチの映像を投写する
4K超短焦点プロジェクター
「LSPX-W1S」(2015年)

有機ガラス管を震わせて、透きとおるような音色で部屋中を満たす
グラスサウンドスピーカー
「LSPX-S1」(2016年)

超短焦点レンズを採用し、場所を取らずに、壁やテーブル面などに映像を映し出せるポータブル超短焦点プロジェクター「LSPX-P1」(2016年)

え方だ。

TS事業準備室を立ち上げるきっかけとなった4K超短焦点プロジェクターも、このコンセプトに沿って、技術だけでなくデザインや佇まいにも磨きをかけた。電源を消している時は真っ白な美しい家具のような、存在感を主張しない見栄えになった。

年末がだんだん近くなったある日、ここまでできているのであればやれるのではないかと思い、ライフスペースUXのコンセプトと4K超短焦点プロジェクターをCESで発表したいと手代木さんたちに相談した。ちょうど、2014年1月に米国ラスベガスで行われるCESにおいて、私がキーノートスピーチという大役を担うことになっていたのだ。直前にもかかわらず、「やりましょう!」ということになった。

その後、メンバーは驚くべきスピードで準備を行い、年末年始返上でラスベガスに張り付き、CESでの発表に間に合わせてくれた。展示スペースのデザインもリビングルームのようなしつらえにこだわった。その甲斐あって、ライフスペースUXはCESで大変な好評を博した。

TS事業準備室はその後も「グラスサウンドスピーカー」「ポータブル超短焦点プロジェクター」などわくわくする商品を提案してくれた。

壮絶な構造改革を開始したばかりの逆風の環境だ。収益面では巨大なソニーの中では小さい存在だったかもしれないが、お客様に対するイメージはもちろんのこと、社員に対する「もっと自信を持って、リスクを取って、新しいことに挑戦できるんだ」というメッセージを感じ取ってもらえたのではないかと思っている。TS事業準備室はその後、発展解消され、グラスサウンドスピーカーなどの商品は事業部に移管されたが、この熱い経験で大きく成長したメンバーたちは今もソニーの各所で活躍している。

今まであまり外部に話したことはなかったが、手代木さんたちが提案してくれた「TS」の隠された意味は「The Sony」だった。

シード・アクセラレーション

TS事業準備室を立ち上げた少し後のこと。ちょうどテレビ事業の分社とパソコン事業の売却という苦渋の決断を下し、世間から「エレクトロニクスを知らない社長に、ソニーは解体されてしまうのか」という批判を浴びていた頃、もう一つの新規事業プロジェクトが動き始めていた。

「シード・アクセラレーション・プログラム（SAP）」である。社内に眠る新規事業の種（シード）を掘り起こして事業化を目指そうという取り組みだ。後に「ソニー・スタートアップ・アクセラレーション・プログラム（SSAP）」と改称したが、ここではSAPと表記する。

「まだ誰も見たことのないものを世の中に送り出したい」

「こんな新しいことをやってみたい」

「自分のアイデアを世に問いたい」

そんな野心を胸に秘めた社員が新しい商品やサービスを次々と生み出すのは、ソニーのDNAだったはずだ。プレイステーションのゲームビジネスだって、もとは半導体エンジニアだった久夛良木健さんが、音楽業界にいた丸山茂雄さんたちを巻き込んで形にしていったものだ。それがあれよあれよという間にソニーの中核を担う巨大ビジネスとなるのだから、こんな痛快なことはないだろう。

ソニーに根付いていたはずのこのようなボトムアップのDNAは、いつの頃からか影を潜めてしまっていたように、私には見えた。だが、それが間違いだったことが次第に分かってきた。

きっかけは、ずっと続けてきた現場の社員たちとのランチミーティングだった。すでに述べた通り、ソニーという会社の現状を知るために現場の皆さんの声に耳を傾けようと頻繁に開いていた。

参加者の年齢や所属はその時々で様々だが、30代から40代の中堅クラスの社員が多かった。いつもトピックスは事前には決めない。なるべくざっくばらんに意見を聞きたいからだ。とは言っても相手は社長だし、しゃべりにくいこともあるだろう。私の方からこんな風に切り出す。

「最近、なんか悩みとかある?」

誰かが答えると、少しずつ発言が増えていく。そうなれば聞き手に回る。会議でもそうだが、なるべく私の方からは発言を控えて異見や本音を引き出すのが目的だからだ。

すると、こんな不満が漏れてくることが多いことに気づいた。

「僕は夢を持ってソニーに入社しました。でも現実は赤字だし、こんな商品を作ってみたいとか、こんなことをやってみたいと社内で言っても『今はそんなことを言っている場合じゃないだろ』と言われちゃうんです」

「私には新製品のアイデアがあります。悪くないと思うんですが、誰も聞いてくれないんです」

「新しいことに挑戦したいと思っても、そもそもどこに持っていっていいのか分かりません」

こんな悩みや不満が毎回のように出てくるようになった。私は本書で何度か情熱のマグマがこの会社にはふつふつとたぎっていたと書いてきたが、まさしくそれである。新しいことにチャレンジしたいという社員たちの情熱のマグマを、何度も目の当たりにしたのだ。ボトムアップのＤＮＡは決して消えていたわけではなかった。そこに存在するのに、知らず知らずのうちに蓋をしてしまって誰も取り合おうとしていないだけではないか。

アイデアや意欲があふれているのは素晴らしいことであるのと同時に、非常にまずい状況だと思った。やる気や野望にあふれた社員たちにとって、ソニーが息苦しい場所になってはいまいか。このまま放置してしまえば、こういう人たちから会社を離れていってしまう。優秀でやる気のある人たちに、ソニーが愛想を尽かされてしまう。

これは早急に手を打たなければならない。それに、せっかくの情熱のマグマを会社として生かさない手はない。そんな時、私のスタッフであるＣＥＯ室を通じて、まさに「ボトムアップ」の提案が持ち込まれた。社内の新規事業のアイデアを集めて事業化を支援する新しい仕組みを作りたいのだという。早速、提案者に説明に来てもらった。

それが小田島伸至（おだしましんじ）さんだ。本社の事業戦略部門に属していた当時30代のスタッフで、部署では最も若手だった。今ではＳＡＰ改めＳＳＡＰのリーダーとしてすっかり有名人になっている。

社長が関与せよ

彼にシード・アクセラレーションの提案を聞き、まさしく今のソニーに必要なものだと思ったので、「どうやったら実行できるか、3カ月で検討してよ」とお願いすると、彼は徹底的に社内の声を拾ったそうだ。一日の仕事が終わると夜な夜な若手の社員を集めて「新しいことをやる上で支障はないか」と聞いて回ったところ、新規事業のアイデアが成就しない理由が数百にも及んだという。だいたいは、私がランチミーティングで聞いていたことと同じようなものだったようだ。

次に彼が説明に来てくれた時には、社長直轄の位置づけ、社内のアイデアを拾うだけではなく外部の起業家も交えたオーディションや、新規事業の加速支援といった具体案がさらに練られていた。

私は彼に、すぐに取り組むように指示を出した。こうしてSAPが誕生したのだが、小田島さんが言うように社長兼CEOである私の直轄プロジェクトにすることが非常に重要だと考えた。これにはソニーならではの事情がある。

それまで、ソニーは社長の指示で新しいプロジェクトが動き始めても、半年もすれば「そんなのあったっけ?」となってしまうことが日常茶飯事だった。トップが指示を出したのはいいがトップ自らが関与しない。するとアサインされた人も社内で話を通しにくくなり、いつのまにか「やらされ仕事」になってしまう。そうこうしているうちに自然消滅してしまったプロジェクトがこれまでにいくつあったことだろうか。

ソニーの情熱のマグマを解き放つという重大なミッションを背負ったプロジェクトが、これではいけない。社長直轄にして私が関与し続けている姿を示すだけで、社内の閉ざされたドアが開くこともあるだろう。「これは平井さんが力を入れているんだな」というイメージを与えるだけで、社内でのものごとの動きが違ってくるはずだ。

こういう新しい取り組みに際して、リーダーが「あとはやっといてね」と言って部下に任せっきりでは、絶対にダメだ。その部下はさらに部下に丸投げして、さらにその下に……、ということが起きてしまい、結局はいつのまにかどこかで消えてしまう。特に大きな組織になればなるほど、リーダーが強くコミットすることで組織は動き始める。

実際にこのようなシードを育てるプロジェクトでは、特に新規事業の対象がハード、つまり「モノ」になれば、手を動かしてプロトタイプを作る必要がある。だが、試作段階でのロット数は極めて小さくなる。若い社員が工場や研究所にお願いすると、往々にして「こんな忙しい時に……」と難色を示されたりしているうちに、プロジェクトが停滞して時間ばかりが過ぎてしまう。後回しにされてしまう。大企業でモノ作りのシード・アクセラレーションがうまくいかない要因が、こんなところにもあるのだと思う。

だが、そこは私が生産担当の役員に頭を下げてひと言お願いすれば簡単にものごとが動きだしてしまう。ともすればトップのわがままのように映るかもしれないが、これは特に大企業にあっては意外と重要なことだろう。

それもあって、本社1階の奥に作った「ＳＡＰクリエイティブラウンジ」には、私も時間がある時にはなるべくふらっと顔を出すようにしていた。それだけで「あれは平井さんが力を入れていることなんだ」という社員向けのメッセージになるからだ。

ここには試作に必要な3Ｄプリンターやレーザーカッターなども置いてあり、ＳＡＰに応募した若い人たちがどんなモノを作っているのか、実際に見ることができる。社員向けのメッセージと書いたが、せっせとなにやら作っている社員たちの話を聞くことは、私にとって楽しみな時間以外の何物でもなかった。

ソニーという大企業の中でＳＡＰのようなプロジェクトを走らせるには、かなりの情熱を要すると思う。

彼の内に秘めた「情熱のマグマ」を皆で盛りたてる体制が必要だろう。

私は一度「やる」と決めたら絶対にフェードアウトはさせない。ボトムアップの提案者である小田島さんの情熱を支援し、このプロジェクトを必ず成功させるため、吉田さんに頼み込んで、十時さんにこのプロジェクトのアドバイザーを兼任してもらうことも決めた。十時さんはソネットで数々のインキュベーションを行い、ソニー銀行の創設メンバーでもある。言ってみれば、SAPのような社内での新規ビジネスの立ち上げを知り尽くした人である。

十時さんにとってもSAPのような新しい商品やサービスが生まれてくることを予感させるインキュベーションの取り組みは、心が躍る仕事だったのではないだろうか。

もうひとつの狙い

一方で、インキュベーションの仕事には避けては通れない、ちょっと嫌な役目もある。それは「これはモノにならない」という案件に対してはハッキリと「NO」を突きつけることだ。意欲にあふれた同僚に対して非情な宣告に見えるかもしれないが、これは非常に重要な役割だと私は考えている。

次々と生まれてくるアイデアの中には、モノにならない明確な理由が存在するものもかなり多い。市場性がなかったり技術的に先走りすぎだったり、資金が回らないものだったり、理由は様々だ。このような提案に対してはダメなものはダメだと明確に言ってあげないと、それを考案している人たちはいつまでたっても同じところでとどまってしまう。これは無駄が大きい。

ある提案がダメならダメで、その理由も踏まえた上でさらに良いアイデアに挑めばいいのだ。そうすれば成功につながる糸口も見えてくるというものだ。そもそも新規事業に失敗はつきものである。どうせ失敗するなら早い段階でそれを悟り、出直す方がその人のためだし、その失敗を踏まえた上でまた新しいものにチャレンジできるのなら、それはすでに失敗ではなく、うまくいかなかったことの発見になるのだと思う。

こうして2014年に始まったSAPは、これまでに着実に成果を上げてきた。事業化に結びついてお客様に商品やサービスとして提供するに至ったプロジェクトは2021年3月末の時点で17件ある。プログラミング学習のためのIoTブロック「M

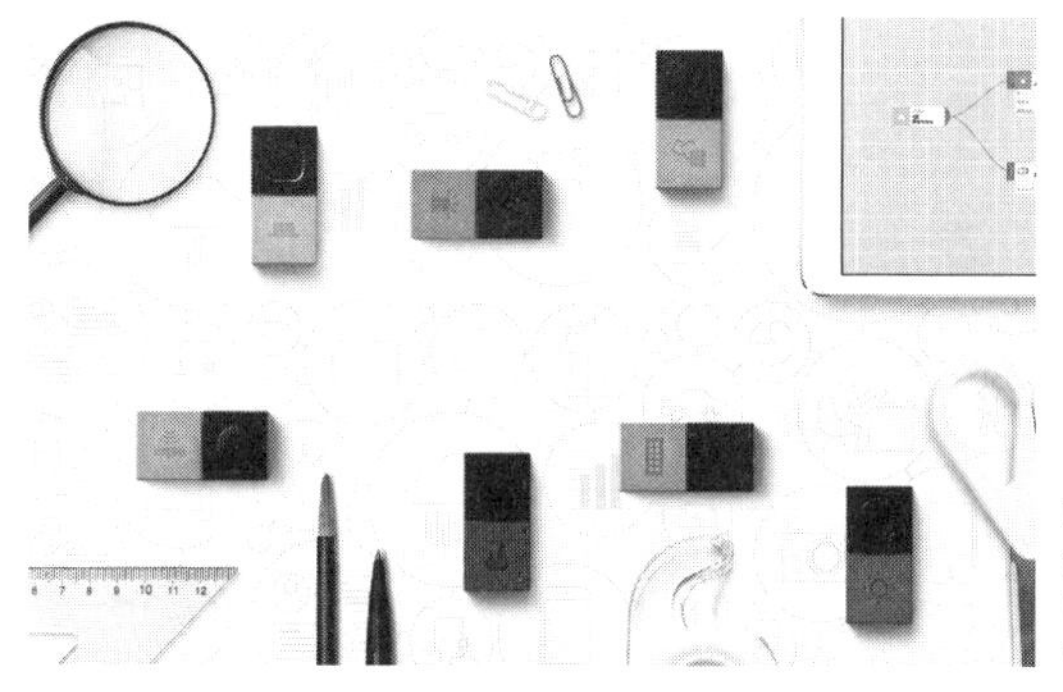

IoTブロック「MESH」
使う人のアイデアをプログラミングで実現できるツール

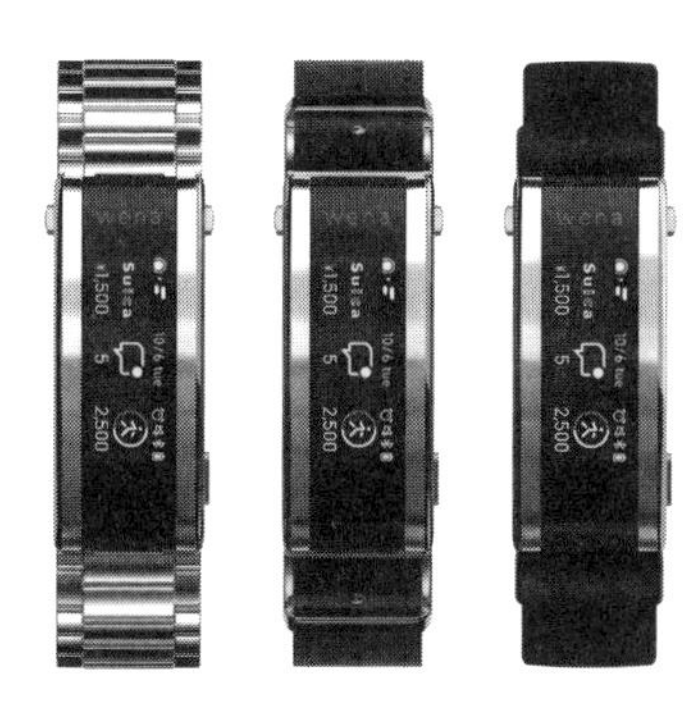

スマートウォッチ「wena」
見た目は腕時計そのままに、バンド部に機能を入れ込んだスマートウォッチ
（写真は「wena 3」）

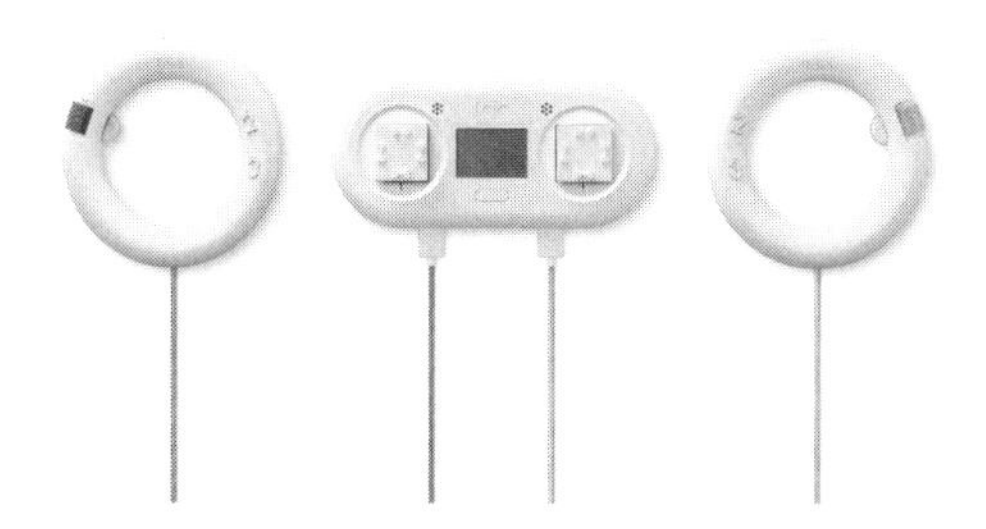

ロボットトイ「toio」
子どもたちの創意工夫を引き出す全く新しいロボットトイ

ＥＳＨ」や、スマートウオッチの「ｗｅｎａ」などが代表例に数えられるが、今この時も新しいモノを生み出してやろうという情熱のマグマが煮えたぎっているはずだ。

そういえば、小田島さんには宿題を与えていた。

「ＳＡＰで新しいビジネスを創るだけじゃなく、ＳＡＰという仕組みそのものをビジネスとして売り込んでいけ」

世間ではソニーが痛みを伴う構造改革で苦しんでいる姿ばかりが報じられていた時期に、若い社員たちの視線は「その先」に向かっていた。まだまだ道半ばである。小田島さんも講演や取材などに引っ張りだこのようだが、もっと先へと進んでくれると信じている。

アイボ復活

在任期間の後半に取り組んだのは、ソニーが中長期的に取り組むべき事業領域の検討だ。本社に設置したチームにいくつかのテーマを検討してもらった中でも、ＡＩ・ロボティクス領域には特に力を入れ、最終的には実行部隊を立ち上げた。

ここで犬型ロボットの「aibo（アイボ）」を復活させたのが、「AIロボティクスビジネスグループ」のメンバーたちだった。アイボと言えばソニーが1999年に発売した「AIBO」のことだが、2006年には販売を終えていた。それから10年後の2016年、ロボットの開発に着手していることを発表し、翌年にこれを小文字の「aibo」として復活させると公表すると、テレビなどで大きく取り上げられて話題となった。

エンジニアたちと話しているうちにAIを生かして面白いものが作れそうだなと思っていたのだが、正直に言うと、最初にプロトタイプを見た時は「まあ、商品化できる確率は50％以下かな」と思っていた。

他の経営陣の意見もシビアなものだった。

「一度やめたものをまた発売したら、以前にAIBOを買っていただいたお客様から顰蹙（ひんしゅく）を買うんじゃないか」

「そもそもなんでいまさらこんなものを？」

「業績が良くなったとはいえ、まだまだ油断できない。こんな時にカネの無駄遣いではないか」

言うまでもなく、こういう異見は大歓迎だ。それに異見と言いつつも、ほかでもない私自身もアイボ復活には半信半疑だった。

ただ、「これはもしかしたらいけるかもしれない」と思ったのが、マネジメントチームの一員である高木一郎さんの反応を見た時だった。

高木さんは前述した通り、今村昌志さんとのコンビでデジカメの再建で手腕を発揮し、私が社長に就任した当時のソニーにとっても最大の経営課題だったテレビ事業の黒字化に道筋を付けてくれた人だ。ソニー社内の自他共に認める「経営のプロ」である。

あれはプレジデント会、通称「P会」というマネジメントチームによる定期会合の時だったと思う。いくつかの議題があって、「では次はアイボのプロトタイプのお披露目です」となると、高木さんは「なに？　まだそんなことやってるの？」という懐疑的な見方だった。

ところが、いざプロトタイプが動き始めると、我々が見ていてもはっきりと分かるくらいに目をらんらんと輝かせて「いいね、これ！」となってしまった。

このロボットには、こんなにも一瞬で人をとりこにしてしまう力があるんだと思わされた瞬間だ。もちろん高木さんは社内の人なので贔屓目と言われればそれまでかもしれないが、経営のプロが認めたアイボのアピール力はなかなかのものではないかと考えるようになったのだ。

この開発チームを率いたエンジニアの川西泉さんとは、長い付き合いだ。ちょうど私がSCEAの仕事に関わり始めた1995年に、彼はソニーから東京のSCEに出向していた。プレイステーション2、プレイステーション3やPSP（プレイステーション・ポータブル）の開発に携わり、その後はモバイル事業の開発にも貢献してもらっている。

本格的に新型アイボの開発をスタートさせたのが2016年夏のこと。その年の終わりまでには対外発表日を2017年11月1日とし、発売日もその翌年1月11日にすることを決めていた。どちらも1が3回で「わんわんわん」というのが理由だ。

開発陣は川西さんたちゲーム出身者やモバイル、デジタルイメージングのメンバーだった。違和感の少ない動きを作り出すにはデジカメなどで使うアクチュエーターの繊細な制御が不可欠だし、周囲のモノや動きを探知するセンサーやカメラの技術も必要。なんといっても「頭脳」に相当するAIやクラウドとの連携が、自然で愛嬌のあるペットのような感覚を演出する。

まさに私が唱えてきた「ワン・ソニー」を体現したようなプロジェクトだ。短い開発期間でチームには負担をかけたが、毎月の開発進捗の報告を聞くことは、私にとってもワクワクするものだった。

おそらくアイボの復活に心を躍らせたのは私だけではないだろうとも考えた。そもそもアイボのような遊び心に満ちた商品を再び世に出すのは、市場やお客様だけでなく、社員に対して「ソニーはここまで来たんだ」という強烈なメッセージになると考えたからだ。

痛みを伴う構造改革の中でついつい忘れてしまいがちになっていた「ソニーってこういうことができる会社だったよな」という感覚を、もう一度社員たちが取り戻すきっかけになってくれるのではと期待したのだ。我ながらこの狙いは的中したのではないかと思っている。

２０１７年11月に開いた新型アイボのお披露目の記者会見には川西さんとともにａｉｂｏを腕に抱いてステージに上った。ソニーが輝きを取り戻しつつあることを内外に知らしめる機会になったのではないかと思う。こうしてアイボは予定通り、２０１８年１月11日の「わんわんわん」の日に発売された。実に12年ぶりの復活だ。

ここまでひと言で「感動」あるいは「ＫＡＮＤＯ」と言ってきたが、私はこの頃になるとひと言付け加えて「『ラストワンインチ』の感動」という言葉を使うようになっていた。お客様との接点、つまりラストワンインチに存在する商品やサービスで感動を与

川西さんとともに臨んだaiboの発表会（2017年11月）

えられるということは、人間の五感に訴えかける力があるということだ。それこそ本物の感動であり、ソニーが目指すべき価値なのではないかと考えた。

アイボはお客様の日常に寄り添う存在になりうる。川西さんたちはこのロボットを通じて「『ラストワンインチ』の感動」を表現してくれたと思っている。

ただ、川西さんたちの活躍はアイボの復活だけでは終わらない。

アイボからＥＶへ

アメリカのラスベガスで毎年開かれるＣＥＳは、かつてはコンピュータの見本市と称されていたが、今ではもっと業界横断的な「テックの祭典」という感が強い。当然、ソニーもその商品や技術、ビジョンを示すために毎年大きなブースを構えている。私も毎年ＣＥＯとして参加していた。

そのＣＥＳで２０２０年にソニーが発表したのがＥＶ（電気自動車）の試作車「VISION-S Prototype（ビジョンS　プロトタイプ）」だ。これを見たメディアなどの間で「ソニーがＥＶに参入するのか？」という臆測も流れたが、あくまで試作車という位置づけだ。

私はこの時には、すでにソニーの社長も会長も退任して現在のシニアアドバイザーという肩書になっていたので詳しく語る立場にないかもしれないが、このＥＶの開発を担ったのが、川西さんが率いるＡＩロボティクスビジネスグループなのだ。

そう、あのアイボ復活をなし遂げたチームが今度はなんとＥＶの試作車を作ってしま

CESでも大きな話題を呼んだVISION-S Prototype

ったのだ。

犬型ロボットからEVへ――。驚くべき飛躍と思えるが、川西さんたちの話をよくよく聞くと合点がいく。クルマと小型ロボットではメカの部分では大きく違うが、ビジョンSプロトタイプの特徴は自動走行技術を取り入れている点にある。川西さんに言わせると「周辺の状況を正しく認識して自律的に動く」という点ではまったく同じ。

さらに重要な共通点が「人に寄り添う」ということだ。言うまでもなくクルマはハンドルを握る人の思い通りに動いてくれないと困る。マツダはこの感覚を「人馬一体」と表現して名車ロードスターを生み出したが、それはEVになっても自動運転車になっても同じだろう。

「人に寄り添う」という、なんとも定量化したり言語化したりするのが難しい感覚の部分が大切になる。これはアイボもクルマも同じだというわけだ。人と機械がふれあう際にどうしても生じる違和感のギャップを、ソニーが持つ様々なテクノロジーで埋めていくのだ。

この「人に寄り添う感覚」を突き詰めていく仕事こそ、「ＫＡＮＤＯ」という価値を生み出すのだ。

自動車は今、１００年に1度の大転換期を迎えつつあると言われている。ドイツでゴットリープ・ダイムラーとカール・ベンツがガソリン車を開発したのが１８８０年代のこと。アメリカでヘンリー・フォードが「T型フォード」のベルトコンベヤー方式での大量生産を始めたのが20世紀初めのことだ。ここからほんの一握りのお金持ちのものだった自動車が急速に人々の間に広がり、産業化していった。

その次に訪れたおよそ１００年ぶりのパラダイムシフトの波の中に、ソニーは飛び込もうとしている。どんな形になるのかは、私にも分からない。

ただ、あのつらいターンアラウンドの時代にまかれた種を、吉田さんを筆頭とする現在のマネジメントチームが育て、現場の社員たちがその花を咲かせようと奮闘してくれていることに誇りを感じる。なにより、あの時にソニーのかじ取りを託された者として感謝の言葉を伝えたい。

ここでは、より良いソニーを次世代に残すために行った社長直轄の取り組みを紹介した。ライフスペースUXによる生活空間での新しい体験の提案、新規事業創出プログラムのSAP、そしてアイボ復活に象徴される長期視点でのプロジェクトだ。

ただ、ソニーに眠っていた情熱のマグマの噴火口は、もちろんこれだけではない。ここで取り上げ出すとページがいくらあっても足りなくなりそうなので、ひとまずこのあたりにしておくが、果敢なチャレンジをしてくれた皆さんのその後の活躍を耳にすることは、私にとって至上の喜びである。

エピローグ

卒業

「120％でアクセルを踏めるか」

テクノロジーに関わる会社の一年は毎年、年明け早々にラスベガスで開かれるＣＥＳで始まる。私も毎年、ソニーのＣＥＯとして参加し、ソニーが目指すべきビジョンやサービス、新製品の数々を壇上からアピールしてきた。

２０１７年は1月5日の開幕に先立ち、我々は4日に記者会見を開いた。これも毎年のことなのだが、ショーが開幕してしまえば世界各国から集まった報道陣が広大な敷地内を行き来するので、開幕する前にメディアに集まってもらい、その年の目玉となる商品などを時間をかけて紹介するのだ。この年はソニーで初となる４Ｋ対応有機テレビやハイダイナミックレンジ（ＨＤＲ）に対応したホームエンタテインメント商品の数々が、ソニーの一押しだった。

年末年始は家族が住むサンフランシスコ郊外で過ごすので、ラスベガスまでは自宅近くの空港から小一時間程度をかけて飛行機で移動する。その短いフライトでのことだ。同乗したＣＥＯ室長の井藤安博さんが今後の経営方針について話を振ってきた時に、私は彼にこう告げた。

「ちょっと待って。実はずっと考えていたことなんだけどさ。俺もそろそろ潮時かなと思っていてね」

あまりにも予想外だったのか、井藤さんは言葉を失っていた。

「ええっ！……」

この時点で、私は社長兼CEOに指名されて5年弱だった。ソニーの経営は3年ごとの中期経営計画を軸に回っていくので、もしこの年に社長を退任するなら実質的に「途中退任」となる。私にはその考えはなく、1年余り後の2018年に退任することを考えているという意味だったのだが、いずれにせよ驚きだったようだ。

ただ、CEO室を切り盛りしてくれた井藤さんとは長い付き合いだ。私が一度言い出したら変わらないということはよく知っているので、すぐに理解してくれた。

私は当時、56歳。社長を退くには年齢的には早いかもしれない。だが、誰かにバトンを託すなら今しかないと考えるようになっていた。体力的にはまだまだ元気だったとはいえ、実際にやってみて分かったのだが、やはり社長というのは激務である。

年中、飛行機に乗って世界のどこかに行き、人前に出て話をする。私はこの本でも書いてきた通り、現場に足を運ぶことを何より重視してきたからその分、やっぱり負担は大きかったと思う。

それに、社長として下す判断の一つひとつにはとんでもなく大きな重圧がかかるものだ。取引先やその家族まで含めれば何十万、何百万という人たちの生活を左右しかねないことを、決断しなければならないのが社長なのだ。

「120%の力でアクセルを踏み続けることができるのか」

退任を決意する前には、何度も自分に対してこう問いかけた。120%の力を出していないリーダーがいる会社になってしまっては、社員たちに申し訳が立たない。

先述した通り、ソニーの経営計画は3年単位で回っていた。この時点で次の中期経営計画がスタートするまで残り1年。延長すればあと4年となる。その間、本当に120%の力を注ぎ続けることができるのか……。

リーダーにとって、次の世代にバトンを託すのも大事な仕事だ。私がそのバトンを受け継いだ2012年の頃と比べ状況は大きく変革した。ターンアラウンドはほぼ実現し、ソニーは確実に成長のステージへと動き始めていた。

とはいえ、経営改革に終わりはない。私があれこれと理由をつけて居座ってしまえば、誰も止められなくなってしまう。そうなれば次の人たちがリーダーとなるチャンスの芽を摘んでしまうことになる。それはやってはいけない。ソニーには私より社長の器といえる優秀な人たちがたくさんいる。次に控える彼ら彼女らのチャンスを奪うことは、あってはならない。

「危機モード」のリーダー

さらに個人的なことを言えば、ターンアラウンドの仕事が一段落して業績も目に見えて回復してきた頃に、再び「あの感覚」に陥ってしまったのだ。

オートパイロット状態である。

思えばこれが3度目だ。SCEA、SCE、そしてソニー。組織の大きさも抱えていた課題も、やるべきこともまったく異なるのだが、私は会社員人生を通じて3度のターンアラウンドを任されてきた。この本でも書いてきた通り、幸いにも素晴らしい仲間たちに恵まれ、いずれも成果を出すことができたと思う。

そしてそのたびに感じたのが、私がちょっとくらい操縦桿を手放しても自律的に動いていく組織への、なんとも言えない感覚だった。もちろん不満なわけではない。組織としてはむしろ正しい形なのかもしれない。だが、非常に個人的なことを言わせてもらえば、そうなってしまうと心が燃えるような感覚ではなくなってくるのだ。

そうなるとリーダー失格である。そんなリーダーが居座っていいはずがない。

実は、それに気づいたのが3度目のこの時だった。いつだったか、CEO室の皆さんたちと飲んでいる時にスタッフの一人にずばりと指摘された。

「平井さんって、クライシスになると自分で火の中に飛び込もうとするのに、平時になっちゃうと人に任せるのが好きなんですね」

グサッときたが、その通りかもしれないと思うようになった。思い返せば、危機モードの時にこそ、私は心の中に灯がともるタイプなのかもしれない。ターンアラウンドの時にこそ、力を発揮できるタイプなのだろう。

だが、成長モードに入った会社をドライブさせる仕事についてはどうだろうか――。それなりに経営していく自信もある。だが、私は自分の能力と性格を客観的に見ようとするタイプだ。私よりもずっと上手に組織を導ける人は、たくさんいるはずだ。実際、ソニーにはそういう優秀な人たちがそろっている。

ソニーの成長戦略を描き、それを実行するという次のステージの仕事を担うべきは、私ではない。そう考えるようになったのだ。繰り返しになるがソニーの社長の決断は何十万人、何百万人という人たちの人生を左右しかねない。リーダーである私自身がそう認識しているのなら、私自身がソニーを去る決断を下すべきだと考えたのだ。

妻の理子に打ち明けたところ「あなたが決めたのなら、それでいいんじゃない」と返ってきた。彼女もまた、私が一度決めたら変わらないことを知っている。

ソニーは新たな時代へ

そしてこれも幸いなことに、私には成長モードに入ったソニーのかじ取りを託すのにうってつけの人物がいた。ここまで相棒として二人三脚で走り抜けてくれた吉田憲一郎さんだ。

吉田さんは経営者として優秀な人であることは言うまでもないが、会社にとって良いだろうなと思ったのが、私とはまったくタイプの違った人だということだ。財務に明るく分析能力に長けた彼が社長兼CEOとなれば、私とはまた違った形で会社を導いてくれるだろう。

すると社員たちにも伝わるはずだ。「この会社はこれからまた変わっていくんだな」

2018年2月2日、吉田さん（右）への社長交代を発表する会見にて＝つのだよしお／アフロ

と。ある意味、組織に刺激や危機感を与えることができる。この点は大企業のトップ交代で重要な要素なのではないかと思う。もちろん、吉田さんにも直接伝えた。

「平井路線を否定してもらってかまわない。私は一切、口を出さないから」

むしろそうでなければ組織は活性化しない。そもそも私とは違う「異見」をぶつけてもらうために、吉田さんには私のマネジメントチームに加わってもらったのだし、社長としても当然ながら私とは異なる仕事をしてもらわなければならない。

こうして私は2018年4月にソニー社長兼CEOのバトンを吉田さんに託し

たのだが、そんな思いもあって、最初は会長にも就かないと告げた。ただ、吉田さんから依頼されたため一年だけ会長を務めることになった。その後は現在のシニアアドバイザーという肩書をもらっている。

約束通り、私は吉田さんのやることには一切、口を出していない。そもそも会長になって口を出すなら社長を続ければよいのだ。その点、吉田さんとの間では合意ができているが、それを社内外に知らしめるためにも会長からも早く退任する必要があると思っていた。

会長を退任してシニアアドバイザーになったのが、まだ50代だったこともあり、よく「潔い退任ですね」と言われるが、私にとっては潔いことを示すためではなく、社内外に「ソニーのリーダーは吉田さん一人」ということを示すため、もっと言えば「ソニーは吉田さんのもとでもう一度、成長を加速させていくのだ」ということを示すためである。

幸いなことに、実際にそうなっていると思う。吉田さんのリーダーシップのもと、ソニーは「クリエイティビティとテクノロジーの力で、世界を感動で満たす」というパーパス（存在意義）を掲げ、2021年4月には社名を「ソニーグループ」に変更して新たな第一歩を踏み出した。

私がここでやるべきことはもうない。こうして私はソニーを「卒業」した。

次の夢

私は生きるために働いてきたが、会社のために働いていたわけではない。あくまで私の人生と家族のためだ。だからソニーを卒業した後は、あまり会社に近づくこともない。シニアアドバイザーということでたまに出社しないといけないこともあるが、それも月に一度あるかないかだ。

卒業してからしばらくの間は、充電期間に充てていた。週に2回、みっちり筋トレしたり水泳をしたり。妻の理子とも一緒に過ごせる時間が少なかったので、コロナが広がる前までは一緒に旅行に出かけたりもしていた。

ビジネスの世界からは身を退いたつもりだ。これからも戻ることはないだろう。私には新しい目標があるからだ。恵まれない子供の貧困と教育格差の解消のために私なりに何か貢献できないかと考えている。いまや日本の子供の貧困率は13・5%、特にひとり親世帯では48・1%と深刻なレベルにある。コロナ禍でさらに悪化するとの予測もある。

単に寄付をするというのではなく、せっかくビジネスの世界で鍛えられてきたのだから、子供たちにお金が回る仕組みを作れないかと考えている。温めているアイデアもある。

例えば、チャリティー活動だ。スパイダーマンの映画に大勢が出てくるシーンにエキストラとして出てもらう出演権をオークションにかけてみてはどうか。ソニーミュージックのアーティストのライブで、公演後にバックステージで記念撮影できるという権利をオークションしてもいいかもしれない。その収益は恵まれない子供の貧困や教育格差の解消のために使う。

これにはモデルがあって、オーストラリアのソニーグループ各社が主に若者を対象とした社会貢献活動に力を入れており、若年層のがん患者のケアに特化した施設を開設した実績もある。それを見た時は「こんなやり方もあるんだ」と感心させられた。寄付に頼るのではなく、お金が回る仕組みを作っているのだ。もちろん非営利での活動だ。

ビジネスの世界からは引退しても、人生は続いていく。やりたいことはまだまだいっぱいあるのだ。立ち止まるつもりはない。

おわりに

本書を執筆した目的は2つあります。1つは、「はじめに」でも書いたとおり、ソニーの再生について皆さんの疑問に答えること。もう1つが、私がこれから取り組んでいこうと考えている子供たちの貧困と教育格差に関心を持ってもらいたかったからです。

エピローグでも触れましたが、日本の子供たちをめぐる状況は、非常に厳しいものがあります。貧困率13・5％ということは7人に1人が貧困状態にあり、35人のクラスでは5人が支援の必要な状況にあるということです。シングルペアレントの家庭にいたっては、もっと深刻です。

貧困により、学力や最終学歴の差といった教育格差が生じるだけではなく、習い事を頑張った、休みに家族で旅行にいったなどという子供時代の貴重な経験を積むことができなくなります。それは子供たちから多様な未来を思い描く想像力を奪い、人生の選択肢を狭めることへとつながっていきます。

こうした格差は、次の世代へと連鎖します。いまここでこの問題を放置すれば、日本の未来はないといっても過言ではないでしょう。

本書でも述べたとおり、私は目の前にある課題が大きいほどやる気が出るタイプです。これまでのキャリアで得た知恵やノウハウを生かして、少しでも格差の解消に役立ちたいと、新たな闘志を燃やしています。

私は、この取り組みを推進するために「一般社団法人 プロジェクト希望」を立ち上げました。プロジェクトには「投影する」という意味もあり、未来に希望を照らし出していきたいという意図も込めています。

本格的な活動はまだこれからですが、本書を含めた私の社外活動から生じるすべての報酬をこの社団を通じて子供の貧困や教育格差の解消に取り組む団体などに寄付します。ですから、本書を購入された読者の皆さんには私の活動に間接的に貢献いただいたことになるわけです。皆さんの貢献に、心から感謝しています。


さて、本書を刊行するにあたり多くの方々のご協力を得ました。本書の構成や執筆まで終始アドバイスをくれた日本経済新聞社の杉本貴司編集委員、日経ＢＰの赤木裕介さん。ソニーグループ広報部の皆さんには、社内外の様々なコーディネートをしていただきました。

私がソニーのターンアラウンドを成し遂げられたのは多くの方々の支援によることは言うまでもなく、心から感謝しています。プレイステーション時代にお世話になった丸山茂雄さん、久夛良木健さん、佐藤明さん。ソニーを共に率いてくれた吉田憲一郎さん、十時裕樹さんとマネジメントチーム（「チーム平井」）の皆さん。それを実行してくれた、ソニーグループのすべての社員の皆さん。側で私を支えてくれたCEO室長の井藤安博さんとCEO室スタッフ、そして歴代の秘書の皆さん。

そしてもう一人、妻の理子。あなたの多大なるサポートのおかげで、私はこれまで100％の力で仕事に向き合うことができました。いくら感謝しても感謝しきれません。本当にありがとう。

平井一夫
（ひらい・かずお）

ソニーグループ　シニアアドバイザー

1960年東京生まれ。父の転勤でニューヨーク、カナダなど海外生活を送る。1984年国際基督教大学（ICU）卒業後、CBS・ソニー入社。ソニーミュージックNYオフィス、ソニー・コンピュータエンタテインメント米国法人（SCEA）社長などを経て、2006年ソニー・コンピュータエンタテインメント（SCEI）社長。2009年ソニーEVP、2011年副社長、2012年社長兼CEO、2018年会長。2019年より現職。

ソニー再生

変革を成し遂げた「異端のリーダーシップ」

2021年7月12日　1版1刷
2024年3月28日　　7刷

著　者――平井一夫

© Kazuo Hirai, 2021

発行者――國分正哉

発　行――株式会社日経BP
日本経済新聞出版

発　売――株式会社日経BPマーケティング
〒105-8308
東京都港区虎ノ門4-3-12

装　丁――野網雄太

本文DTP――朝日メディアインターナショナル

印刷・製本――三松堂

ISBN978-4-532-32412-4　Printed in Japan

本書の無断複写・複製（コピー等）は著作権法上の例外を除き、禁じられています。購入者以外の第三者による電子データ化および電子書籍化は、私的使用を含め一切認められておりません。
本書籍に関するお問い合わせ、ご連絡は右記にて承ります。 https://nkbp.jp/booksQA